가끔은 엄마도
퇴근하고 싶다

버럭엄마의 독박육아 일기

이미선 지음

가끔은
엄마도
퇴근하고
싶다

저는 '쓰레기 엄마'입니다!

저는 엄마로서 제 자신을 '쓰레기'라고 부릅니다. 저는 '엄마'와
는 어울리지 않는 사람인 것 같습니다. '엄마'라고 하면 떠오
르는 온화하고 인자한 미소 대신 미간에 깊은 주름이 생길 정
도로 인상을 쓰는 날이 많고, 부드러운 목소리로 말하기보다
화를 내거나 소리 지르는 날이 많습니다. 아이의 눈높이에 맞
추기보다는 제가 제시한 기준에 아이가 따르기를 바라고, 아
이 때문에 힘들다며 불평을 늘어놓습니다. 분명 모성애가 있
는 것 같은데 때로는 순간순간 욱하고 올라오는 감정에 더 충
실합니다. 그래서 지인들에게 "나는 육아랑은 안 맞아."라고도
합니다.

저도 처음부터 이런 엄마는 아니었습니다. 제게도 아이의 모든 것을 수용하고 포용하던 때가 있었죠. 아들 둘, 딸 둘 낳겠다고 큰소리치기도 했습니다. 그런데 어디서부터 잘못된 걸까요? 저는 '독박육아'에서 그 이유를 찾습니다.

첫째 아이를 낳은 이후로 지금까지 8년째 독박육아를 하고 있습니다. 남편은 둘째 아이 출산 후에 더 바빠졌습니다. 식구가 또 한 명 늘었으니 그만큼 감당해야 할 부분이 많아졌기 때문입니다. 육아를 함께할 수 없는 남편의 상황을 이해합니다. 남편이 퇴근해 들어올 때까지 남편을 원망하고 욕하다가도, 지쳐 들어오는 남편을 보며 제가 하는 말은 "오늘도 고생했어요."입니다. 남편 역시 혼자 아이 둘을 보는 저의 노고를 이해합니다. 남편은 육아에 많이 참여하지 못하는 것에 대해 미안한 마음도 갖고 있습니다. 이렇게 서로를 이해하려고 하지만 저도 사람인지라 한 번씩 폭발할 때가 있습니다.

간혹 독박육아에 대한 어려움을 호소하는 엄마들에게 부정적인 시선을 보내는 분들이 있습니다. "그렇게 억울하면 남자가 육아를 할 테니 돈 벌어 와라."라며 '독박육아맘'을 비하하기도 합니다. 개인적으로는 독박'육아'라는 데 초점이 맞춰졌으면 좋겠습니다. 가정마다 상황에 따라 사회생활과 가사가 각각 한 명에게 치우칠 순 있습니다. 하지만 육아는 그렇지 않습니다. 육아는 한 사람에게만 주어지는 책임이 아닙니다. 밖에서 열심히 일하는 것은 정말 고마운 일이지만 일하는 것과 육아는 별개의 문제입니다. 아이에게는 엄마와 아빠 모두가 필요합니다. 그리고 독박육아를 한다고 일을 하지 않는다는 의미는 아닙니다. 능력이 없다는 뜻은 더더욱 아니죠. 그러니 오해하지 않았으면 좋겠습니다.

독박육아, 너무 힘들지만 어느 누구를 탓할 문제는 아닙니다. 우리나라에서는 어쩔 수 없는 일이니까요. 화만 내고 있을 수도 없습니다. 계속 쓰레기 엄마로 살고 싶지 않으니까요. 그래서 독박육아로 두 아이를 키우며 겪은 경험과 감정을 글로 쓰기 시작했습니다. 감사하게도 이렇게 책을 낼 수 있는 기회도 생겼고요.

육아가 힘들다고 투정 부리는 것은 어떤 물질적인 것을 바라기 때문이 아닙니다. 그저 '내가 지금 힘들다'는 것을 알아달라는 것입니다. 고생한다고 한 번 토닥여주면 그걸로 족합니다. 저는 저와 같이 힘들어하고 고민하는 부모들의 육아 에세이를 읽으며 위로를 받았습니다. '나만 왜 이렇게 힘든 거야.'라며 자존감이 바닥 깊은 곳까지 내리꽂힐 때 그들의 글은 "나도 너랑 같아. 너만 힘든 게 아니라 우리 모두가 힘든 거야. 지금 정말 잘하고 있어."라고 공감하며 위로해줍니다. 제 자신을 돌아보고 반성하고 좋은 엄마가 되겠다는 다짐을 되새기게 하기도 했습니다. 저도 그런 글을 쓰고 싶었습니다.

아이는 분명히 소중한 존재이고 아이가 주는 행복도 크지만 육아가 힘든 것도 사실입니다. 때로는 아이 낳지 말고 혼자 살 걸 싶기도 합니다. 그럼에도 불구하고 사랑하는 내 아이기에 다시 힘을 내지요. 그래서 저는 '미(美)친 육아'라고 표현합니다. 이 책은 육아의 환상을 깨고 100% 리얼한 현실을 보여주는, 엄마의 미(美)친 육아 에세이입니다. 늘 부족한 엄마의 이야기지만 제가 그랬던 것처럼 이 이야기가 누군가에게 위로가 되길 바랍니다.

여러분은 충분히 잘하고 있습니다. 충분히 좋은 부모입니다. 내일은 더 나은 부모가 될 것입니다.

이미선

차례

#1

이제부터 '여자' 아니고
'엄마'

출산은 엉덩이에서
로켓이 발사되는 느낌

출산을 앞두고 있는 모든 예비 부모에게 출산은 그 자체로 무섭기만 하다. 두려움 반 호기심 반으로 여러 출산 후기들을 찾아보지만 "10시간 진통하다가 안 돼서 수술했다.", "피를 너무 많이 흘려서 대학병원으로 실려갔다."라는 등 왜 비극적인 이야기들만 눈에 띄는 건지… '나는 잘할 수 있을 거야!'라고 마음을 다잡아보지만 두려움을 떨쳐내기엔 역부족이다.

첫째 출산을 앞두고 예정일이 되어도 아이는 나올 기미가 없었다. 체중이 3.8kg으로 추정되는 남자아이. 우려했던 것과 달리 병원에 도착한 지 4시간 만에 아이를 품에 안았다. 수많은 출산 후기를 보며 겁도 나고 걱정도 많이 했는데 생각보다 수월했다. 아이를 잘 낳는 체질이라도 되는 걸까. 그러고 보면 둘째도 빠르고 쉽게 낳은 편인 것 같다.

나의 출산 소식에 병실로 달려와준 친구들에게 아이 낳는 것에 대해 한마디로 설명했다. 그 친구들은 모두 출산의 경험이 없는 여자 혹은 남자들이었기에 나의 출산 후기를 몹시도 궁금해했다.

"음… 그건 말이지. 엉덩이에서 로켓이 발사되는 느낌이야!"

아이가 나올 때가 되니 여러 후기들에서 이야기하는 대로 '항문에 수박이 낀 것 같은 느낌'이 강해지고 아이의 머리가 빠져나오는 순간엔 딱 로켓이 발사되는 것 같았다. 그렇게 로켓을 발사시키고 아이를 품에 안았는데, 뭔가 이상했다. 왜 이렇게 쭈글쭈글하고 못생긴 거지? 이마에 주름 하며 팅팅 부은 눈까지. "서, 선생님. 이 애가 진짜 제 애가 맞는 건가요?"라는 말이 절로 나왔다.

다른 사람들은 아이를 낳고 처음 품에 안으면 눈물이 난다는데 나는 감정이 메마르기라도 한 걸까. 그 당시 나에겐 모성애 따위는 없었던 모양이다. 아이에게 내가 건넨 첫마디는 이것이었다.

"아가야, 왜 네가 우니? 낳느라 고생한 건 난데."

임신 중 나의 가장 큰 걱정은 오직 '출산'이었는데 더 큰 문제는 그 이후부터 시작되었다. 아이를 어떻게 안아야 할지도 모르겠고, 모유를 먹이려고 해도 나오지 않았다. 이러다가 모유 수유를 못하는 건 아닐까 걱정이 태산이었다. 뭐가 마음에 안 드는지 계속 목이 찢어질 듯 울어대기만 하는 아이를 바라보며 내가 할 수 있는 일이라곤 발을 동동 구르며 '내가 대체 뭘 어떻게 해야 하지?'라는 좌절을 거듭하는 것뿐.

사실 처음에는 '아, 내 자식이구나!'라는 느낌이 없었다. 그저 신생아가 신기할 따름이었다. 내가 낳았지만 왠지 낯설기만 한 아기. 하지만 아기를 품에 안으면 따뜻하고 기분이 좋았다. 날이 갈수록 처음 봤을 때의 주름도 없어지고 뽀얘지니 점점 인물이 사는 것 같기도 했다. 그렇게 수시로 아이를 안고 모유수유를 하면서 비로소 모성애라는 것을 느낄 수 있었다. 이 아이가 내 자식이구나, 내 아들이구나, 하고.

그랬던 아이가 벌써 초등학생이다. 엄마가 로켓을 발사하는 느낌으로 힘들게 낳은 걸 아는지 모르는지 하루에도 몇 번씩 엄마 속을 썩이는 녀석을 보면서 가끔은 '내가 저걸 낳고 미역국을 먹었다니!' 한탄하기도 하지만, 건강하게 잘 자라주는 것만 해도 감사하게 여겨야겠지.

몸의 중요한 곳을 외간 남자에게 보이고 싶지 않아 여자 선생님에게 진료를 받았다. 그런데 내가 아이를 낳으러 갔을 때는 새벽. 당직하던 선생님이 분만실로 올라왔는데, 남자 선생님이었다. 그렇게 여자 선생님만을 고집했는데 가장 추한 꼴을 외간 남자에게 보이고 말았다.

둘째 출산 후,
산후조리원에 갈까 말까?

많은 엄마들이 둘째 출산을 앞두고 몸조리를 어떻게 해야 할지 고민한다. "아이보다 엄마 몸이 먼저야.", "조리원에 가 있으면 첫째에게 정서적으로 안 좋지 않을까?" 주변에서 하는 말을 들으면 이 말도, 저 말도 다 맞는 것 같다.

보통의 경우 어떤 선택을 하든 하나는 얻되 다른 하나는 일정 부분 포기하게 마련이다. 산후조리원을 선택한다면 첫째 아이의 정서적 안정이 걱정이고, 집에서의 몸조리를 선택한다면 엄마 몸의 더딘 회복과 후유증 아닌 후유증을 견뎌내야 한다.

그때 나의 선택은 집에서의 몸조리였다. 첫째에겐 동생이 생긴 것도 충격일 텐데 엄마와 떨어져 지내기까지 하면 정서적으로 좋지 않을 것이라는 염려가 컸다. 게다가 아이 아빠는 늘 바빠서 첫째를 제대로 돌보기도 힘들 것 같았다.

비용도 문제였다. 둘째 아이까지 태어나서 평소 육아에 들던 비용이 2배 이상 들게 생겼는데 산후조리원에 몇백만 원의 비용을 쓰는 게 쉽지 않았다. 엄마는 가계를 고려하지 않을 수 없는 주부이기도 하니까.

"산후도우미 부를 거라 괜찮아요."

모두 만류했지만 결국 나는 첫째를 위해, 우리 가정을 위해 내 한 몸 희생하겠다는 결정을 내렸다. 대신 산후조리원에 비해 가격이 저렴한 산후도우미 서비스를 받기로 했다. 양가 어머니의 도움을 받기엔 부담스럽고 그렇다고 혼자 몸조리를 할 수는 없으니까.

당시 난 자신감이 넘쳤다. 내 체력에 이 정도 의지면 충분히 가능하다고 생각했다. 더욱이 어린이집에서 돌아온 첫째가 동생을 좋아하고 아껴주는 모습을 볼 때면 내 선택이 옳았다고 확신했다. 하지만 결과적으로 그것은 잘못된 선택이었다. 집에서는 몸조리라는 게 불가능했다. 우선은 달려드는 첫째를 뿌리칠 수 없었다. 첫째가 뛰어노는데 가만히 누워 있을 수도 없었다. 혹시라도 첫째가 질투할까 봐 둘째를 마음껏 안고 수유할 수도 없었다. 또 집안일에 신경 쓰지 않을 수도 없었다.

아이고, 팔다리 어깨 무릎 허리야. 둘째 출산 후 몸조리를 제대로 하지 못한 탓에 나는 수시로 허리와 어깨, 무릎을 두드리며 "아이고, 아이고!" 소리를 입에 달고 산다. 평소 병치레를 잘 하지 않는데도 둘째 출산 후에는 1년 반 만에 두 번이나 응급실에 갔고, 링거도 몇 번이나 맞았는지 모른다. 몸이 축나고 있다는 게 그대로 느껴졌다.

누군가는 이야기한다. 셋째를 낳은 후에 몸조리를 제대로 하면 몸이 다시 돌아온다고. '여보세요! 내 인생에 아이는 둘이면 충분합니다.' 그리고 그때 몸조리를 더 잘 할 수 있다는 보장이 없다. 두 아이를 놓고 산후조리원에 들어간다는 결정을 하긴 더 어려울 테니까.

둘째 출산을 앞둔 주위 사람들은 내게 묻는다. 몸조리를 어떻게 했냐고. 그러면 나는 무조건 산후조리원에 가라고 답한다. 2주가 힘들다면 1주만이라도 가라고. 첫째의 안정도 중요하지만 그보다 엄마의 몸이 더 중요하다. 엄마가 몸조리를 잘 해야 튼튼한 몸으로 첫째도, 둘째도 더 잘 양육할 수 있다. 아이에게 아픈 엄마의 모습을 보이는 것도 좋지 않다. 아이를 위해 내 몸을 희생해야 할 일은 앞으로 얼마든지 생길 것이다. 그 희생을 엄마 몸이 가장 쉬어야 할 그때 할 필요는 없다.

이미 몸조리에 실패한 나는 집이 무너질 듯 뛰어다니는 첫째와, 첫째를 따라 침대에서 점프해 내려오는 둘째를 향해 소리친다.

"너희 낳고 키우느라 엄마 골병 들었으니까 너희가 엄마 끝까지 책임져!"

ㅇㅇ 남편에게 "나 둘째 낳고 몸조리를 잘 못해서 몸이 여기저기 쑤시고 아픈 것 같아."라고 했다. 돌아온 대답은 "살쪄서 그런 거 아니고?"였다.

분유 먹이면
매정한 엄마?

분유를 먹이면 나쁜 엄마가 되는 것 같았다. 그래서 어떻게 해서든지, 가슴을 쥐어 짜서라도 모유를 먹여야 한다고 스스로를 닦달했다. 하지만 그럴 필요가 전혀 없었다. 스트레스가 된다면 모유 수유만 고집할 필요는 없는 것이었다.

갓 출산한 초보 엄마에게 가장 큰 걱정거리인 모유 수유. 아이만 낳으면 모유가 철철 흘러넘칠 줄 알았는데 웬걸. 아무리 아이에게 젖을 물려도 모유는 나올 생각을 하지 않았다. 누군가는 모유가 넘쳐서 냉동하거나 버린다는데, 나는 유축기의 최고 압력으로 짜내도 도통 나올 기미가 보이지 않았다.

아이를 낳은 행복과 함께 모유 수유에 대한 걱정과 강박증에 사로잡히게 되는 초보 엄마들. 두 아이를 먼저 키운 선배 엄마의 입장에서 모유 수유에 대한 몇 가지 조언을 전하고자 한다.

아이를 낳는다고 모유가 철철 나오는 건 아니다

첫째를 낳고 "축하한다.", "고생했다."와 함께 가장 많이 들은 말은 "젖은 잘 나오지?"였다. "아… 네, 그냥저냥이요." 대충 얼버무리면서도 마음이 편치 않았다. 혼자 "젖이 잘 나오든 말든 무슨 상관이라고 맨날 젖 타령이야!"라며 신경질을 부리기도 했다.

모유 수유에 대한 환상을 갖고 있던 나. 아이를 낳고 나면 저절로 모유가 나오는 줄만 알았다. 하지만 가슴은 딱딱하고 아파지는데 모유는 단 한 방울도 나오지 않았다. '나는 모성애가 부족한가 보다. 그게 아니면 왜 모유가 안 나오는 걸까?' 그렇게 몇 날 며칠을 걱정과 고민을 거듭하다가 몇 번의 가슴 마사지를 받고 유선이 뚫려야 나온다는 것을 알게 되었다.

분유를 보충해달라고 하자니 내가 매정한 엄마 같았다

산후조리원에서 쉬고 있을 때도, 씻고 있을 때도, 밤에 자고 있을 때도 수시로 '수유 콜'이 걸려와 나는 '모유 수유 10분 대기조'였다. 분명 쉬고 있는데 전혀 쉬는 것 같지 않았다. 안 그래도 모유가 잘 나오지 않는데 하루 종일 대기까지 해야 하니 스트레스의 연속이었다.

주변의 선배 엄마들은 내게 말했다. "쉴 땐 그냥 쉬어. 분유 먹여달라고 해."라고. 그런데 그게 참 쉬운 문제가 아니었다. 목 끝까지 '분유'라는 말이 올라왔지만 차마 내뱉지 못했다. 아이에게 분유를 보충해달라고 하면 엄마로서의 내 자질을 의심받을 것만 같았다. 아무도 내게 그렇게 말하지 않지만 모두가 날 그렇게 바라보며 흉보고 있을 거라는 느낌. 다른 아이들은 다 엄마의 젖을 먹고 있는데 내 아이만 젖병의 실리콘 젖꼭지를 빨아대고 있다는 느낌. 마치 내가 죄인이 된 것만 같은 느낌. 그래서 그렇게도 모유 수유를 고집했다. 지금 생각해보면 모유에 그렇게 목맬 필요는 없었다. 모유가 넘쳐나 가슴이 너무 아프고 힘들어서 꼭 먹여야 하는 상황이 아니면 산후조리원에서는 좀 쉬어도 되는 거였다.

스트레스받는 완모, 계속하는 게 좋을까?

첫째는 돌까지 '완모(분유를 먹이지 않는 완전한 모유 수유)'를 했지만 10개월 이후부터 굉장히 힘들었던 기억이 난다. 젖을 물리면 잠깐 빨다가 잠이 들고, 나도 좀 자려고 하면 금세 깨서 울고 다시 젖을 물리고⋯. 매일 밤 이 일을 반복하다 보니 짜증이 나기 시작했다. "그냥 좀 자!"라고 그 어린 것에게 어찌나 짜증을 부렸던지⋯. 아기가 모유를 얼마나 먹는지 알 수 없으니 분유 수유를 하는 것처럼 수유 간격을 맞추기도 힘들었다. 아기는 수시로 내 가슴을 파고들며 젖 타령을 했다. 그럴 때마다 나는 모두가 그렇게 표현하는 것처럼 '젖소'가 된 것만 같은 불편한 기분에 사로잡혔다.

완모, 할 수 있다면 하는 게 좋다. 단 엄마도 아기도 즐겁다는 전제하에. 첫째 때 다니던 병원의 담당 의사는 6개월만 지나도 모유에 영양가가 별로 없으니 이유식을 먹이면서 분유로 보충해도 된다고 했다.

일찍 단유를 했어도 자책하지 말자

둘째는 100일쯤까지만 모유 수유를 했다. 그것도 분유를 보충해가면서. 이상하게 둘째 때는 모유가 잘 나오지 않았다. 다행히 무리 없이 혼합 수유를 했고, 모유 수유를 그만둔 후로는 자연스럽게 분유 수유만으로 키웠다.

그런데 문제는 그 이후였다. 둘째는 세상 빛을 본 지 한 달 만에 감기에 걸리는 등 첫째가 자랄 때와 비교하면 두 돌 전까지 유독 잔병치레가 많았다. 물론 둘째는 겨울에 낳은 데다 첫째가 있다 보니 어쩔 수 없이 바깥 환경에 많이 노출되었기 때문에 감기에 걸릴 확률도 높았다. 하지만 아이 코에서 누런 콧물이 흘러내릴 때마다, 기침을 할 때마다 '나 편하자고 모유를 너무 빨리 끊었나 봐. 모유 수유를 더 했으면 이렇게 자주 감기에 걸리진 않았을 텐데.'라며 스스로를 탓했다.

상황이 여의치 않아서 모유를 빨리 끊었다면 자책도 하지 말자. 요즘에는 분유도 참 잘 나온다.

분유 수유가 모유 수유에 비해 스트레스가 적을 거라고 생각했지만 시간 맞춰 물 끓이고 가루 넣고 적당한 온도를 맞추는 것도 일이었다. 게다가 외출할 때는 짐이 더 늘어났다. 분유든 모유든 쉬운 게 하나도 없다.

모든 엄마가
맘충이 아님을

'맘충'. 엄마를 뜻하는 '맘(mom)'과 벌레를 뜻하는 한자 '벌레 충(蟲)'의 합성어로, 공공장소에 아이를 데려가 민폐를 끼치는 젊은 엄마들을 혐오하며 조롱하는 신조어다. 초기에는 일부 몰상식한 아이 엄마를 맘충이라 불렀지만 요즘은 아이가 있는 모든 엄마가 맘충 취급을 받기도 한다.

얼마 전에 한 이탈리안 레스토랑에 갔다. 지인과 둘이서 아이 넷을 데리고. 식당에 들어서는 순간 직원이 우리를 보며 한숨을 내쉬었다. 아무래도 손님 중에 아이가 있으면 번거로운 일이 생길 수 있으니 힘들어서 그런가 보다 이해가 되면서도 아이들 챙기랴, 직원 눈치 보랴 음식을 먹는 내내 신경 쓰였다.

마침 옆 테이블에도 아이가 한 명 있었는데, 그 손님들이 가고 난 자리를 보니 아이가 앉았던 위치에 스티커가 몇 개 붙어 있었다. 아이 부모가 생각지도 못하고 그냥 나간 건지 알면서도 그냥 나간 건지는 모르겠지만, 그 스티커를 보며 직원이 욕설을 내뱉는 것이었다.

옆에서 그 소리를 듣는 순간 도저히 음식을 먹을 수가 없었다. 마치 우리를 향한 욕인 것만 같아 마음이 불편했다. 아이들이 바닥에 흘린 음식물을 물티슈로 쓸어 담고 테이블을 정리하며 나는 생각했다. '우리도 맘충인 건가? 근데, 왜?'

또 한번은 식당에서 밥을 먹으며 아이들의 손이나 바닥에 떨어진 음식물을 닦느라 휴지를 많이 사용했더니 "무슨 휴지를 이렇게 많이 써?"라며 식당 아주머니가 핀잔을 주기도 했다.

정말 일부의 이기적인 엄마들로 인해 아이 엄마 모두가 벌레 취급을 받는 것은 유쾌하지 않다. 아니다. 몰지각한 엄마들일지라도 벌레 취급까지 받을 필요는 없다. 그저 '무식한', '이기적인' 사람 취급 정도면 되지 않을까.

예전에 EBS 〈까칠남녀〉라는 프로그램에서 맘충에 대한 이야기를 다룬 적이 있다. 직장에 다니지 않으면서 아이를 어린이집에 보내는 엄마, 식당에서 이유식을 데워달라고 부탁하는 엄마, 아이를 등원시키고 카페에서 커피 마시는 엄마 등을 모두 맘충이라 칭하는 사회를 꼬집는 내용이었다. 맘충에 대한 여러 시각들이 있었는데 그중 직장을 안 다니고 '집에서 노는 주제에' 아이를 어린이집에 보낸다는 표현에서 정말 경악을 금치 못했다. '집에서 노는 주제에'라니. 나는 전업맘은 아니었지만 전업맘들이 집에서 놀기만 하는 벌레 취급을 받는다는 것에 몹시 화가 났다. 집에서 노는 사람 취급받지 않으려고 워킹맘이 되면 또 독한 엄마라고 손가락질한다는 이야기에 가슴이 답답해졌다.

더 황당한 건 아이 데리고 카페에 가는 엄마는 '맘충'인데, 아빠는 '라테파파'라고 부른다는 것이다. 엄마들에게는 남편이 열심히 일해서 돈 버는 동안 카페에서 빈둥거리며 수다나 떤다고 꼴불견이라 욕하면서, 아빠들을 향해서는 아이에게 참 다정한 아빠라고 칭찬한다.

테이블에 기저귀를 버리고 가는 엄마, 식당 안에서 아이가 뛰어다녀도 아무런 조치를 취하지 않는 엄마, 카페에 여럿이 들어가 커피를 겨우 한두 잔 시켜놓고 오랜 시간 앉아 있는 엄마들은 극히 소수에 불과하다. 모든 엄마들이 같은 취급을 받아선 안 된다. 아이와 함께 있는 젊은 엄마들을 보기만 해도

'맘충'이라며 눈을 흘길 필요는 없다.

아이와 함께할 때는 조금 더 조심하려 하고, 아이를 혼내서라도 문제가 될 만한 행동을 자제시키는 등 주위에 피해를 주지 않으려고 노력하는 엄마들이 훨씬 많다. 왜 몇몇의 잘못을 놓고 전체가 욕을 먹어야 하고, 전체가 눈치를 보며 다녀야 할까.

엄마들은 '맘충'이 아니다. 그저 아이를 키우는 '사람'일 뿐이다. '집에서 노는' 사람이 아니라 '아이를 키우기 위해 자신의 꿈을 포기한' 사람들이다. 더 이상 엄마들이 벌레 취급을 받지 않길 바란다. 그리고 엄마들 스스로도 그렇게 되도록 노력하길 바란다.

아이 하나를 키우려면 온 마을이 필요하다고 한다. 다양한 미디어들이 비판하는 것처럼 몰지각한 엄마들이 있을 수도 있다. 하지만 같은 상황이어도 모르고, 실수로, 아이 챙기느라 정신이 없어서 그런 일이 생기는 경우도 많다. "실수라고 하면 끝이야?"라고 되묻는다면 할 말은 없지만 적어도 '일부러' 그러는 것은 아니라는 점을 엄마가 아닌 사람들도 알아주면 좋겠다. 일부러 그러는 엄마들이 있다면 꼭 반성하길.

여자를 낳은 대신
엄마가 되었다

나는 예쁜 엄마가 될 줄 알았다. 유명 여배우들처럼 출산 후에도 몸매 하나 망가지지 않고, 굳이 말하지 않으면 아이 엄마라는 걸 알 수 없는, 그런 엄마가 될 줄 알았다. 대체 어디서 온 자신감이었을까.

결혼 전 아이를 낳기 전과 아이 엄마인 지금의 나는 많이 다르다. 그때의 나는 새초롬한 '여자'였지만 지금의 나는 여자보다는 '엄마'의 모습에 가깝다. 엄마를 비하하려는 건 아니다. 아이들에게 맞춰 생각과 생활이 변했다는 의미다. 내 삶이 나만을 위한 것이 아닌, 아이와 가족을 위한 삶이 되었다는 말이다. 아이를 낳고 내게 어떤 변화가 있었는지 찾아보았다.

바퀴벌레를 잘도 잡는다

나는 벌레를 지독히도 싫어한다. 그런 내가 아이가 옆에 있을 때는 바퀴벌레가 나타나면 인정사정없이 내리친다. 그것도 여러 번 힘껏! 곧바로 휴지로 닦아내 변기에 버리는 것까지 완료! 하지만 아이가 없을 때 바퀴벌레가 나타나면? 일단 의자 위로 올라가 대치 상태가 이어진다. 그리고 장렬히 패배. 아이를 생각해 잡아버려야 속이 시원하지만 혼자 있을 땐 그럴 용기가 나지 않는다. '바퀴벌레가 나의 존재를 알았으니 우리 집에서 나가겠지?'라는 희망만이 나를 위로해준다. 다행히도 지금 사는 집에선 바퀴벌레를 본 적이 없다.

구두보다 단화를 즐겨 신는다

아이를 낳기 전에는 5~6cm 굽이 있는 구두를 즐겨 신었다. 발 건강에는 안 좋다지만 그 정도는 신어야 다리가 가늘어 보인다는 이야기를 어디선가 들었기 때문이다. 아이를 낳고 나서는 늘 아이를 안고 다니거나 함께 다녀야 하기에 굽 없는 단화가 편하고 좋다. 그냥 단화도 아닌 운동화가 내가 아끼는 신발이 되었다. 어느 날엔가 5cm 굽이 있는 구두를 신고 아이를 안은 채 놀이터에 갔다가 무릎이 아프고 허리가 끊어지는 줄 알았다. 발바닥이 살려달라고 소리치는 느낌까지 들었다.

귀걸이나 목걸이 같은 액세서리는 하지 않는다

귀걸이를 하면 1.5배쯤 예뻐 보인다고 한다. 그래서 출산 전에 나는 늘 귀걸이를 하고 다녔다. 그렇게라도 조금 더 예뻐지고 싶었다. 하지만 아이를 낳고 나서는 귀걸이를 계속 하지 않아서 뚫은 구멍까지 막혔다. 아이가 잡아당기니 귀걸이를 할 수가 없다. 작은 큐빅 귀걸이를 하면 괜찮을 줄 알았는데 아이가 그 큐빅을 잡으려고 손톱으로 긁어서 어찌나 아프던지…. 목걸이나 반지도 잘 하지 않는다. 혹시라도 아이 얼굴이 긁힐까 봐. 그러다가 다시 귀걸이를 하기 시작한 건 둘째가 4살이 되었을 때다. 그제서야 엄마의 귀걸이에 관심은 가져도 잡아당기려고 하지는 않았다.

밥을 안 먹어도 배가 부르다

흔히들 아이가 밥 먹는 모습만 봐도 배가 부르다고 하지만 여기서는 그런 의미의 배부름이 아니다. 두 아이를 챙기면서 밥을 하다 보니 지치고 힘들어서 물을 많이 마시는 편인데, 그러다 보니 물배가 차서 아이에게만 밥을 주고 나는 안 먹게 된다. 그렇게 먹지 않고 끝나면 다이어트가 되어 좋겠지만, 꼭 아이들이 다 잠든 늦은 밤에 배가 고파 음식을 찾게 되는 게 문제다.

동요나 만화 주제가를 흥얼거린다

출산 전에는 퇴근길에 이어폰으로 최신 가요를 즐겨 듣곤 했다. 지금의 나는 그런 노래들과는 담쌓은 지 오래다. 반면 최신 동요나 만화 주제곡은 두루 꿰고 있다. 설거지를 하며, 길을 걸으며 나도 모르게 흥얼거리는 노래도 다 그것들이다. 처음엔 동요를 부르며 걸어가는 내가 부끄러웠는데 이젠 아무렇지도 않다. 최근 들어 아이들이 자는 틈에 최신 가요를 찾아 듣곤 한다. 일부러라도 좀 들어봐야지 하는 마음으로.

음식의 간이 약해졌다

대부분의 끼니를 아이와 함께 하다 보니 음식의 간을 약하게 먹는 편이다. '이 정도면 딱 좋아.'라고 생각되는 음식을 남편은 싱겁다고 한다. 내가 느끼기에 짜다 싶어야 남편에게 간이 맞는다. 나는 좋은 현상이라고 생각한다. 남편도 간이 약한 음식을 즐겨 먹게 되면 좋겠다는 바람을 가져본다.

운전이 절실하게 필요하다

내 몸 하나만 있을 때는 운전에 대한 필요성을 느끼지 못했다. 조금 힘들어도 대중교통을 타면 되니까. 그런데 아이 둘을 낳고 보니 두 아이를 데리고 다니려면 운전을 꼭 해야겠다는 생각이 든다. 두 아이를 챙겨 다니기도 쉽지 않은데 그 아이들을 위한 짐이 한 보따리인 탓에 대중교통을 이용하는 것은 엄청 힘든 일이다. 그래서 장롱면허 10년 차에 운전을 시작했다.

내 건강이 슬슬 걱정된다

혹시라도 내가 큰 병에라도 걸리면 어쩌나 걱정이 태산이다. 엄마 껌딱지인 우리 아이들, 잘 때는 꼭 엄마랑 있어야 하는 우리 아이들. 내가 아파 며칠씩 병원 신세를 지게 되면 아이들은 엄마 없이 어떡하나 걱정되어 잠 못 이룬 날도 많다. 건강하자. 건강이 최고다.

아이들이 둘 다 초등학생이 되기 전까지 당분간은 '여자'보다는 '엄마'의 모습으로 살아야 할 것 같다. 그 이후에도 그래야 할지도 모른다. 아이를 좀 더 키워놓으면 다시 나를 가꾸고 관리할 틈이 생기겠지? 그땐 '엄마'이면서 '여자'가 되고 싶다.

마트에 가서 보면 요즘 엄마들은 어린아이를 키우면서도 아가씨처럼 예쁘고 세련되었다. 그들을 보고 있으면 자존감이 바닥으로 내리꽂힌다. 왜 나만 이렇게 되었을까.

쇼핑은 했는데,
나 뭘 산 거지?

나는 쇼핑을 즐기는 타입은 아니다. 많은 여성들이 몇 시간씩 쇼핑몰을 둘러보고 쇼핑을 한다는데, 나는 보통 필요한 것만 사고 돌아온다. 인터넷 쇼핑도 마찬가지.

계절이 바뀔 때, 입을 옷이 없을 때, '뭐 좀 사볼까?' 하는 마음으로 가까운 쇼핑몰을 찾는다. 그리고 허리가 아플 정도로 이것저것 구경하고 두 손 가득 보따리를 들고 집으로 돌아온다. 그런데 이게 뭐지? 내가 사들고 온 것은 죄다 아이들 것 아니면 남편 것이다. 즐기지도 않는 쇼핑을 몇 시간씩 하고 왔는데 내 것은 하나도 없다.

쇼핑몰에서 눈에 띄는 물건은 내 것이 아니다.

"이거 우리 애 입으면 예쁘겠다."

"우와, 이 신발 딱 우리 애 사이즈 하나 남았네?"

"이게 최신 유행 스타일인가? 남편 하나 사줘야지."

쇼핑을 하는 내내 내가 설레는 이유는 남편과 아이들에게 새로운 걸 사준다는 것 때문이다.

"애들이 이 옷을 입으면 좋아하겠지?"

"남편이 이 신발 신으면 더 힘내서 일할 수 있겠지?"

내 머릿속에는 온통 그런 생각이 가득하다.

결혼을 하고 아이를 낳아 키우다 보니 나는 나를 꾸미는 비용을 지불하는 데 인색해졌다. 새 옷이 있으면 좋겠지만 꼭 있어야 하는 것은 아니고, 화장품도 사고 싶지만 굳이 없어도 되는 물건이다. 그 돈이면 아이들에게 맛있는 음식을 더 사 먹이는 게 낫다는 생각이 든다.

어릴 적에 엄마가 동네 시장을 갈 때 다 해진 옷만 입고 다녀서 같이 다니기 창피하다는 생각을 한 적이 있다. '엄마는 왜 맨날 저런 옷만 입고 다닐까?' 원망스러운 마음도 있었다. 이제는 엄마의 마음을 알겠다. 엄마는 자신의 옷을 사는 데 돈을 쓰고 싶지 않았던 것이다. 며칠을 조르고 졸라 먹었던 탕수

육 한 접시는 바로 엄마의 새 옷과 바꾼 것이었다. 엄마는 옷을 사고 싶지 않은 게 아니라 그 돈을 아껴 나에게 쓰고 싶었던 것이다.

최근 들어 나는 나를 위해서도 돈을 쓰기 시작했다. 첫째가 "엄마도 화장 좀 해."라는 말을 한 이후로. 아이의 그 말을 들으니 '그동안 너무 대충 하고 다녔나?'라는 생각이 들었다. 아이들도 예쁜 엄마를 좋아한다는 어떤 이들의 말도 떠올랐다.

안 사던 립스틱을 사고 손톱 관리도 받았다. 머리도 했다. 막혔던 귀도 다시 뚫었다. 그랬더니 아이도 남편도 좋아하는 눈치였다. 내 기분도 역시 좋아졌다. 가사와 육아, 일로 지쳐 늘 우울하고 피곤한 낯빛이었는데 이제 생기가 도는 것 같다고나 할까. 외출을 할 때 자신감도 높아졌다. 그래서 엄마들도 가끔은 자신의 물건을 살 필요가 있는 모양이다.

어느 날 남편이 말했다. "옷 좀 사 입어!" 어릴 적 내가 엄마를 그렇게 생각했던 것처럼 남편도 내가 창피한 걸까? "당신이 좀 사주라. 당신 돈으로."

이상해,
옷이 자꾸 줄어들어

"옷이 그거밖에 없어?"

후줄근한 옷만 입고 다니는 나를 보며 남편이 물었다. 매일 무릎 나온 운동복에 얼룩진 티셔츠만 입고 다니는 게 마음에 들지 않았던 모양이다. 나라고 예쁜 옷을 입고 싶지 않은 것은 아니다. 옷장에 있는 옷들이 맞지 않는데 어쩌란 말이냐!

패션의 완성은 얼굴이라고 했던가. 패션을 제대로 완성하기 위해서는 몸도 중요한데 지금 내 몸에는 아무리 예쁜 옷을 걸친들 예쁘지가 않다. 뭘 입어도 맘에 들지 않는다. 출산 후에 찐 살이 아직 빠지지 않았기 때문이다.

살이 찌고 나니 자신감이 떨어지고 자존감도 낮아졌다. 거울 속에 비친 내 모습을 보면서 한숨만 내쉬게 된다. 게다가 관절도 아픈 것 같다. 밤마다 허리가 아프고 무릎이나 발목도 쑤신다. 건강을 생각해서라도 다이어트를 해야 한다.

둘째를 임신 중일 때 선배 엄마들이 "둘째 낳고 나면 진짜 살 안 빠져."라고 했다. 설마 싶었지만 정말 그런 것 같다. 원래 마른 몸은 아니었지만 둘째 출산 후에 몸이 자꾸만 불어나고 있다. 살을 빼도 모자랄 판에 찌고 있으니 이 일을 대체 어쩌면 좋을까.

아이 엄마들이 살찌는 주된 이유로 남는 음식을 먹는다는 것을 손에 꼽을 수 있다. 그렇다고 남은 음식을 버릴 수도 없다. 우리는 어릴 때부터 음식을 버리면 안 된다고 배우지 않았던가. 게다가 나는 내 밥을 따로 차리지 않고 아이들이 먹고 남긴 밥을 먹는데 그걸 버리라니, 말도 안 된다.

밤에 잠을 제대로 자지 못하는 것도 문제다. 한동안 운동 다니던 곳의 트레이너가 "이렇게 운동하는데도 살이 안 빠지는 건 문제가 있다."라며 밤에 잠을 잘 못 자는 게 문제라고 지적했다.

'육퇴(육아 퇴근)' 후의 '혼술'도 살찌는 이유 중 하나라는 걸 부인할 수 없다. 혼술이라도 해야 스트레스가 조금 풀린다며 합리화하고는 있지만 술의 칼로리가 상당히 높다.

나를 아는 지인들은 스트레스를 살찌는 원인 중 하나라고 이야기한다. 두 아이의 독박육아가 여간 스트레스를 주는 게 아니다. 여기에 그 외의 스트레스까지 겹치니…. 아이들이라면 끔찍하신 시어머니조차도 우리 아이들과 몇 시간을 보내고 나서 "애미야, 스트레스 살이 맞나 보다."라고 하셨다.

하지만 이 모든 것은 다 나의 핑계일 뿐이다. 내겐 살을 빼겠다는 의지가 부족하다.

어느 날 큰맘 먹고 내 옷을 하나 사 입기로 하고, 옷 가게에 들어가자마자 점원에게 물었다. "여기 사이즈 몇까지 나와요?" 가는 곳마다 물어보기 민망하고 자존심이 상해 온라인에서 옷 한 벌을 샀다. 그런데 모델이 입은 것과 핏이 달라도 너무 달랐다. '역시 이 몸에는 무슨 옷을 걸쳐도 이쁘지가 않구나.' 또 한 번 스스로 내 몸의 현실을 깨달았다.

첫째 초등학교 입학 전까지는 어떻게 해서든 다이어트에 성공해서 예쁜 옷을 사 입겠다고 다짐했다. 꼭 모델과 비슷한 핏이 나올 수 있도록 하겠다고 마음먹었다. 건강을 위해서라도 다이어트에 성공하겠다며 동기 부여도 했다. 그 노력의 일환으로 먼저 혼술을 끊었다. 이미 첫째가 초등학생이 되었다. 하지만 내 몸은 여전하다. "이상해. 이거 옷이 작아지는 거 아냐?"

남편에게 으름장을 놓았다. "나 5kg만 빠지면 백화점 명품관 가서 옷 사 입을 거야. 각오해!" 남편은 그러라고 했다. 하지만 나는 명품관 근처에도 갈 수 없을 것 같다.

나 곱창이 너무
먹고 싶단 말이야!

나는 소곱창을 좋아한다. 건강에는 좋지 않다지만 곱이 그득한 곱창을 한 입에 쏙 넣고 시원한 소주 한 잔 들이켜는 것을 좋아한다. 임신 전까지는 퇴근 후에 동료와 함께 곱창에 소주잔을 기울이며 하루의 스트레스를 풀곤 했다. 남편과의 연애 시절, 둘만의 기념일에 무엇을 먹을까 묻는 그에게 "곱창"이라고 말해 당황시킨 기억도 있다.

그런데 그 곱창을 8년째 못 먹고 있다. 아이와 함께 곱창집을 갈 수가 없다는 게 그 이유다. 곱창집은 삼겹살이나 갈비를 파는 고깃집과는 느낌이 다르다. 여타 고깃집과 달리 술집이라는 생각이 드는 것은 나만의 착각이 아닐 것이다. 게다가 아이들이 오래 앉아 있기엔 불편한 식당의 내부 구조가 가족과 함께 곱창집에 가는 것을 더욱 어렵게 한다. 이렇게 대부분의 곱창집은 아이들과 함께 가기에 편안하지 않은 분위기다.

건강에 안 좋은 기름기 가득한 곱창을 아이들에게 먹일 수 없다는 것도 이유다. 아이들이 먹을 만한 다른 메뉴를 함께 판매하는 곱창집을 찾기도 힘들다. 내가 좋아하는 것 먹자고 아이들은 주먹밥 같은 것을 대충 먹이려니 마음이 안 좋다. 그래서 나는 첫째를 낳은 이후로는 곱창을 먹지 못하고 있다.

그저 곱창이 먹고 싶다는 넋두리를 늘어놓으려는 것은 아니다. 모든 엄마들이 외식 메뉴를 정할 때 자신이 좋아하는 음식이 아닌 아이들이 좋아하는 것으로 결정하게 된다는 이야기를 하고 싶은 것이다. 매운 음식이나 회 같은 날것을 먹고 싶어도 아이들이 먹을 수 없으니 포기하게 된다. 엄마들에겐 나보다 아이들이 잘 먹는 것이 중요하기 때문에. 아이가 잘 먹는 모습을 보고 배가 부른 정도는 아니지만 그래도 아이가 잘 먹어야 나도 기분 좋게 밥을 먹을 수 있다.

단순히 외식 메뉴를 정하는 것 외에도 삶의 전반에 걸쳐 아이들에게 양보해야 하는 경우가 많다. 대표적인 것이 주말 일정이다. 평일 내내 시달린 나와 남편은 주말에는 쉬고 싶다. 평일을 열심히 살아냈기에 주말만큼은 늦잠도 자고 싶고, 늘어져 있고 싶기도 하다. 안타까운 점은 아이들의 생각이 다르다는 것. 아이들은 작심이라도 한듯 쉬는 날만 되면 자신들이 하고 싶은 것을 쏟아낸다.

"키즈카페 가고 싶어.", "아빠, 기린 보러 가요!" 아이들은 어쩜 하고 싶은 게 그리도 많은지…. 아이들은 꼭 밖에 나가고 싶어 한다. 놀이터에 나가 뛰어놀고 싶고, 동물원에 가서 동물들에게 먹이도 주고 싶고, 키즈카페에도 가고 싶고, 놀이공원에 가서 놀이기구도 타고 싶다고 한다. 아이들의 성화에 못 이겨 결국 우리의 휴일은 반납. 아이들이 하고 싶다는 것을 하기 위해 지친 몸을 일으킨다.

부모라면 누구나 그래야 하는 것이지만 부모도 때로는 그냥 사람이고 싶을 때가 있다. 늘 아이들 위주로 생각하다가도 한 번쯤은 자기 자신이 원하는 것을 고집하고 싶을 때도 있다. 그럼에도 불구하고 번번이 아이들에게 양보하게 되지만.

이렇게 아이들에게 맞춰 산 지 벌써 8년째. 나는 이제 내가 무슨 음식을 좋아하는지도 모르겠다. 그냥 먹는다. 내가 차려서 먹는 밥이 아니면 뭐든 맛있다.

최근에 남편과 아이들을 데리고 소곱창집에 갔다. 다행히 아이들이 먹을 만한 주먹밥이 있었다. 몇 년 만에 곱창을 입에 한가득 넣었을 때의 감동이란! 그런데 그 감동도 잠시. 주먹밥을 다 먹고 스마트폰도 지겨워진 아이들은 심심하니 나가자며 정신을 쏙 빼놓았다. 곱창이 입으로 들어가긴 했는데 맛을 느끼기도 전에 바로 목구멍으로 넘겨야 했다. 아이들과 남편의 성화에 아쉬운 마음으로 자리에서 일어날 수밖에 없었다. 얘들아, 빨리 커서 엄마랑 곱창에 소주 한잔하자~

아이 낳기 전
저의 무지를 반성합니다

아이가 있다는 것이 내게 페널티가 되는 것 같아 불쾌할 때가 있다. 아이와 함께 식당에 들어서면 직원이 눈을 흘기고, 카페에서 커피 한잔 마시기도 힘든 것이 현실. 그런데 아이 엄마를 안 좋게 보는 사람들은 아이를 키워본 적이 없기에 그럴 수도 있겠다 싶다. 아이를 키워보지 않았다면 아이를 키운다는 게 어떤 건지 알지 못할 테니까.

나 역시 엄마가 되기 전에는 그랬다. 아이를 낳기 전 나는 너무 무지했고, 그래서 아이 엄마에 대해 잘 알지 못했고, 그들을 폄하하기도 했다. 그때의 나를 반성하며, 과거의 나처럼 나로 인해 엄마들이 나쁜 말을 듣지 않도록 노력할 것을 다짐한다.

식당에서 아이들이 뛰어다니는 것을 이해할 수 없었다

그런 아이들을 제대로 통제하지 못하는 엄마도 이해할 수 없었다. 반성한다. 식당에서 아이들을 통제하지 않는 게 아니라 못하는 것이다. 아이들은 잠시도 가만히 있지 않는다. 나는 아이들이 식당에서 소란을 피우지 않도록 최대한 단속할 것이다. 하지만 어린아이라서 아무리 단속해도 소용없을 때가 있다. 그럴 때는 아이를 혼내서라도 단속할 테니 아이 엄마가 아닌 사람들도 조금만 양해를 해주면 좋겠다. 아이 엄마라고 다 식당에 기저귀를 놓고 나오지는 않는다. 그런 엄마들은 정말 스스로 많이 반성해야 한다. 오히려 아이가 음식물을 흘린 자리를 치우고 나오는 엄마들도 많다. 나 역시 그렇다. 나도 아이 엄마지만 노키즈존을 충분히 이해하고 찬성한다. 아이 엄마도 아이 엄마가 아닌 사람도 조금씩 이해하고 배려한다면 모두가 즐거울 것이다.

민낯에 추리닝 입고 다니는 아줌마를 이해할 수 없었다

'저 엄마는 관리도 안 하나 보다.'라고 생각한 적도 있다. 반성한다. 아이 엄마가 되고 나니 이제 내가 그러고 다닌다. 아이 낳기 전에는 집 앞 마트에 갈 때도 화장을 하고 다녔는데…. 엄마라고 꾸미지 않고 싶겠는가. 그때는 정말 몰랐다. 내가 세수

도 못한 얼굴로, 감지도 못한 머리를 질끈 묶고 대충 입던 무
릎 나온 바지에 슬리퍼 끌고 마트에 가게 될 줄은.

아이를 낳고서도 몸매 관리를 할 수 있다고 생각했다

몸매 관리, 안 하는 게 아니라 못하는 것이었다. 물론 관리
를 잘하는 엄마들도 있다. 그런데 나는 그게 맘처럼 잘 안 된
다. 나처럼 불어난 살 때문에 고민하는 전국의 모든 엄마들에
게 힘내라는 말을 전하고 싶다. "절망하지 마세요! 아이가 우
리에게서 독립해 나갈 즈음에는 우리도 몸매 관리할 수 있지
않겠습니까?"

길거리에서 떼쓰는 아이의 엄마를 한심하게 보았다

반성한다. 아이가 그렇게 떼를 쓴다고 다 받아주면 안 된다
는 것을 이제는 안다. 몇 번 타이르고 혼내다가 그래도 안 되
면 떼쓰고 일어날 때까지 기다리라고 많은 육아서들이 이야기
한다. 아이를 가장 사랑하는 사람은 보통 엄마와 아빠다. 그런
부모가 떼쓰는 아이를 혼내고 떼쓰는 걸 멈출 때까지 기다리
는 데는 그만한 이유가 있다. 아이의 잘못된 행동을 바로잡고,
같은 행동을 반복하지 않도록 하기 위해 불가피한 상황이 있을
수 있다. 그러니 무턱대고 아이 엄마를 나쁘게 보지는 않았으면

좋겠다. 더구나 요즘은 아동학대범으로 신고가 들어갈까 봐 아이를 혼내는 것도 주변의 눈치를 보게 된다.

버스나 지하철에서 아이 안은 엄마를 모른 척한 적이 있다

반성한다. 아이들과 짐을 챙겨서 대중교통을 이용하는 것이 얼마나 힘든지 겪어보지 않은 사람은 모를 것이다. 나는 매일 저녁 두 아이를 데리고 만원버스를 탔다. 둘째를 안고 첫째를 챙기며 서 있다 보면 허리가 끊어질 것 같았다. 아이를 데리고 있으면 늘 자리를 양보받을 거라고 생각하지만 매번 그렇지는 않다. 과거의 내가 그랬듯 누구나 앉아서 편하게 가고 싶어 하니까. 그렇다고 그들을 원망할 수는 없다. 그래서 나는 이제 운전을 한다. 비록 동네 마트밖에 못 가는 실력이지만.

아이 데리고 술집에 가는 사람이 이해되지 않았다

반성한다. 맛있는 안주에 시원한 맥주 한잔하고 싶을 때가 있다. 술집은 집과 다른 재미와 맛이 있으니까. 가끔은 아이들을 데리고 치킨집에 가서 맥주 한잔씩 하곤 한다. 요즘은 이런 곳들도 금연이니 괜찮을 거라 합리화하고 있다. 아이에게 어른의 술 문화를 너무 빨리 보여주는 건가 싶기도 하지만 치킨집 정도는 괜찮지 않을까.

아이를 키우다 보니 예전에는 몰랐던 많은 것들을 알게 되었다. 나의 좁은 생각으로 아이 엄마들을 오해했었다는 것도 깨달았다. 엄마가 얼마나 대단한 존재인지도 다시금 느끼고 있다. 세상의 모든 엄마들, 존경합니다!

출산 전에 나는 아이 넷을 낳겠다고 다짐했었다. 낳기만 하면 저절로 크는 줄 알았다. 이 또한 반성한다. 아이 하나를 키우는 데 얼마나 힘이 드는지 전혀 몰랐다.

이 구역 최고의
버럭맘은 "나야 나"

소리치지 않는 육아의
이상과 현실

아이들에게 소리치지 않는 엄마이고 싶다. 우아한 엄마이고 싶다. 하지만 내 이상과 현실은 달라도 너무 다르다. 나는 '절대 되지 말아야 하는 엄마'의 표본이 되고 말았다. 나는 평소에도 화가 많은 편이다. 필요 이상으로 굉장히 엄하기도 하다. 그래서 아이들에게 소리를 지르는 일도, 화를 내는 일도 잦다. 하루에도 수십 번씩 아이들을 향해 '버럭' 화를 낸다.

그러던 어느 날, 아이들에게 화를 내지 않겠다고 다짐했다. 아침에는 특별히 화내지 말고 소리도 지르지 말자고 마음먹었다. 큰소리 내고 아이들을 등원시킨 날은 나도 아이들도 하루 종일 기분이 좋지 않았으니까. 아침에 일어나자마자 아직 자고 있는 아이들을 보며 다짐을 되새겼다. '엄마가 이제 절대 화내 거나 소리 지르지 않을게.'

시작은 참 좋았다. 밥 먹을 때도, 옷을 입을 때도 나는 아이들에게 화를 내지 않으려 노력했다. 그날 아침에만 참을 인(忍) 자를 수백 번은 쓴 것 같다. 밥상 앞에서 '세월아 네월아' 밥알을 세고 있는 아이들을 보면서도, 옷 입을 때 꾸물거리는 첫째를 보면서도, 엄마가 고른 옷이 마음에 들지 않는다며 징징거리는 둘째를 보면서도, 세수하고 양치질하라니까 물장난이나 치고 있는 아이들을 보면서도, 나가야 하는데 장난감을 잔뜩 가져온 아이들을 보면서도 나는 이를 악물고 감정을 조절하기 위해 애썼다.

"아으으으윽!" 불쑥불쑥 화가 치미는 것을 느꼈지만 나지막이 탄식할 뿐 평소처럼 짜증 가득한 목소리로 아이들을 대하지 않았다. '짜증 내지 말자, 화내지 말자, 소리 지르지 말자.' 마음속으로 계속 되뇌었다. 아이들이 떼를 쓰면 "그랬구나."라는 공감의 말로 응수하며.

소리를 지르지 않으니 아이들은 등원 준비를 제대로 하지 않고 뭉그적거렸다. 내가 불러도 바로 대답하지 않았으며, 뭐든 꾸물거리기만 했다. 내 속은 타들어가는 것 같았다. 계속 화가 치밀어 올랐다. 심지어 속으로 이런 생각도 들었다. '내가 왜 화 내지 말자는 생각을 했을까? 그것도 이런 바쁜 아침에!'

그렇게 화 한 번 내지 않았더니 아이들의 등원 시간이 평소보다 30~40분 늦어졌다. 지각 당첨!

어쩌면 아이들은 내가 화내는 데 길들여졌는지도 모른다. "엄마가 소리를 안 지르면 엄마 말이 말 같지가 않아?" 그제서야 아이들은 정신이 번쩍 나는지 내 말에 반응하기 시작한다. 평소에 자주 화를 내고 소리를 질렀기 때문에 아이들은 이제 그런 내 모습에 적응이 된 모양이다. 온화한 목소리로 아이의 말이나 행동을 제재하려 하면 들은 척도 안 한다. 그럴수록 나는 더 큰 자극을 주기 위해 악을 쓰듯 소리를 지르고 불같이 화를 낸다. "좋게 말할 때 들으라고 했지!"

목이 쉴듯 소리를 질러야 반응하는 아이들을 보며 나는 내 육아방식을 돌아보게 된다. 처음부터 소리를 지르지 않는 엄마였다면 어땠을까. 첫 단추를 잘못 끼우고 나니 제자리를 찾기가 참 힘들다.

아이들에게 화를 내지 않으리라 다짐했지만 그날 아침뿐이었다. 나는 다시 화를 많이 내는, 불같은 엄마의 모습으로 돌아왔다. 소리치지 않는 육아, 우아한 육아를 꿈꿨지만 말처럼

쉬운 일이 아니란 것을, 인내와 노력이 굉장히 많이 필요하다
는 것을 새삼 깨닫게 된 아침이었다.

나는 분노조절장애가 있는 모양이다. 갑자기 욱 올라오는 화를 참을 수가
없다. 눈을 질끈 감고 '참자, 참자, 참자.' 되뇌어봐도 그 화가 다스려지지
않는다. 이런 나, 정신과 치료라도 받아야 하는 건 아닐까.

두 아이 엄마의
희로애락

첫째를 임신 중일 때 배를 쓰다듬으며 말했었다. "빨리 나와서 엄마랑 재밌게 놀자." 그때까지만 해도 내 앞에 꽃길이 펼쳐질 것만 같았다. 매일 아이와 즐거운 나날을 보낼 줄로만 알았다. 그 누구도 내게 육아가 이렇게까지 힘들다는 이야기를 해준 적이 없었다.

그런데 아이를 낳는 순간부터 내가 상상하던 모습이 아니었다. 즐겁기도 했시만 힘들기도 하고 또 슬프기도 했다. 화가 나는 일도 많았다. 이 글은 두 아이를 키우며 느낀 희로애락에 대한 이야기다.

기쁠 희(喜): 다정한 오누이의 모습

둘째를 임신 중일 때 나는 여동생을 잘 챙기는 오빠, 그런 오빠를 잘 따르는 여동생의 모습을 기대했다. 하지만 첫째와 둘째는 참 많이도 싸운다. 어쩌다 가끔씩 다정하게 지내는 아이들의 모습을 보면 이런저런 일로 우울했던 마음도 싹 녹아내린다.

성낼 로(怒): 같이 사고 치지 말라고!

한 아이를 키우다 두 아이를 키우면 딱 2배 힘들거나, 경험이 있으니 절반 정도만 힘들 거라 생각했다. 그런데 이게 웬걸. 10배는 더 힘든 것 같다. 게다가 독.박.육.아!

한번은 두 아이가 잘 놀고 있기에 과자를 챙겨주고 뒤돌아 설거지를 하고 있었다. 한참 조용해서 기특한 마음으로 돌아봤는데, 헉! 둘이 같이 바닥에 과자를 쏟고 뭉개면서 좋다고 놀고 있는 게 아닌가. 둘이 같이 사고를 치면 어쩌니! 또 두 아이가 동시에 엄마를 찾을 때가 있다. 급해 보이는 요구를 먼저 들어주고 있으면 "흥! 엄마는 내 말은 듣지도 않아."라며 토라진다. 몇 번 달래다가 나는 결국 소리친다. "엄마 몸이 몇 개야. 이럴 거면 엄마 몸을 반으로 나눠!"

슬플 애(哀): 소리 지르고 화내서 미안

두 아이를 키우다 보니 육아 스트레스가 만만치 않다. 그리고 그 스트레스는 고스란히 아이들에게 전해진다. 별일 아닌데도 아이들에게 화내고 소리를 지르게 된다. 때로는 해서는 안될 말까지 한다.

첫째가 "엄마, 화내지 마요."라는 말을 하기 시작하면서 나는 가슴 한 구석이 탁 막힌 느낌이 들었다. '난 정말 나쁜 엄마구나.' 하는 생각에. 이런 식의 반성은 늘 잠든 아이들 모습을 보면서 하게 된다. 자는 아이들의 얼굴을 어루만지며, 머리를 쓰다듬으며, 등을 토닥이며 반성하고 또 반성한다. 엄마의 스트레스를 너희에게 풀어서 미안하다며. 화내고 소리 질러서 미안하다며. 내일부터는 엄마가 더 잘하겠다며. 하지만 다음 날이 되면 또다시 화는 반복된다.

즐길 락(樂): 너희 덕분에 행복해

바쁘게 집안일을 끝내고 소파에 가서 앉으면 한 녀석씩 내게 다가온다. 각자 한쪽씩 내 무릎을 차지해 앉기도 하고, 둘이 달려들어 나를 끌어안기도 하고, 내 등에 올라타기도 한다. 집안일에 지쳐 좀 앉아서 쉬고 싶은데 두 아이가 이렇게 달려들면 귀찮기도 하고 피곤하기도 하다. 하지만 신기하게도 내 얼굴에는 종종 미소가 피어오른다. 나를 보면 그저 좋아하는 아이가 둘이나 있다는 것에 마음 따뜻해진다. 이런 게 행복인 거지. 늘 바쁜 남편의 빈자리가 크게 느껴지지만 그 빈자리를 아이들이 조금은 채워주는 듯싶다.

독박육아로 두 아이를 키우기가 쉽지 않지만 이 아이들이 내게 주는 기쁨과 즐거움은 힘든 것도 다 잊을 수 있는 힘이 된다.

◦。 희로애락의 비중을 나눈다면? 매번 다르지만 요즘은 '노' 40%, '애' 30%, '락' 20%, '회' 10% 정도인 것 같다.

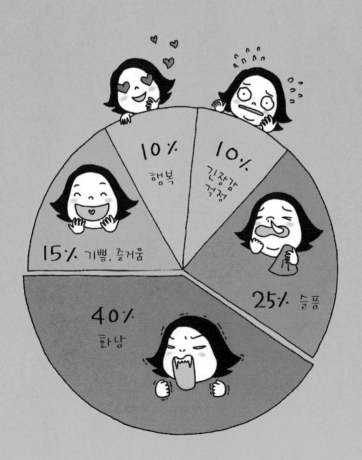

내 아이 공부를
내가 시킬 수 없는 이유

지난해, 초등학교 입학을 앞두고 있던 첫째는 2년 가까이 한글 방문 학습을 하고 있었다. 그런데 아이의 실력이 좀처럼 늘지 않아 걱정이 태산 같았다. 살림하랴 일하랴 아이를 돌보는 데 너무 소홀했나 싶어 하루는 큰맘 먹고 첫째를 불러 앉혔다.

"연필이랑 지우개 가지고 이리 와 앉아봐."

방문 학습 선생님이 남겨놓으신 숙제를 할 요량이었다. 시작은 좋았다. 아이도 제법 열심히 하려고 하는 듯 보였다. 그런데 딱 5분이었다. 아이의 시선은 산만하게 흔들렸고, 연필을 잡은 손은 자꾸만 연필심 가까이로 내려갔다.

"연필 더 위로 잡아!"

"더 위로 잡으라고!"

연필 잡는 방법처럼 사소한 것으로도 화가 나기 시작했다. 곧이어 글씨를 제대로 쓰지 못하는 아이에게, 방금 읽었던 것도 제대로 읽지 못하고 "모르겠어요."를 반복하는 아이에게 분노했다.

"이거 뭐야?"

"모르겠어요."

"뭐? 너 방금 한 거잖아, 이거!"

차마 내뱉지는 않았지만 '너 닭대가리야?'라는 생각도 고개를 들기 시작했다.

"왜 이것도 몰라?"

내가 화를 낼수록 아이는 주눅이 들어 자꾸만 움츠러들었다. 아는 것도 생각나지 않을 것은 당연했다.

"됐어. 이럴 거면 그만해."

계획했던 만큼 하지도 못한 채 그날의 한글 공부가 마무리되었다. 난 내심 아이에 대한 기대치가 있었다. '또래 아이들이 이 정도는 알던데 얘도 알겠지.' 하는. 하지만 그런 기대가 커질수록 아이에게 실망만 하게 되었다.

방문 학습 선생님께 이런 고민을 털어놓았다.

"어머님, 친구들도 똑같아요. 다 비슷하게 해요. 몇몇 잘하는 아이들이 있지만, 보통은 다 이 정도예요."

선생님의 말을 들어보니 무엇이 문제였는지 깨닫게 되었다. 부모는 다른 아이들의 평균치를 모르고 아이에 대한 개인적인 기대치를 기준으로 공부시키기 때문에 화가 날 수밖에 없다고 한다.

집에서 직접 아이를 가르치는 것도 엄마와 아이의 성향에 따라 승패가 나뉜다고 하던데, 나는 '패자'다. 나와 아이에겐 방문 학습 선생님의 도움이 꼭 필요하다. 나는 작은 일에도 버럭 하는 엄마니까.

진도가 느리다는 평가는 기준을 어디에 두느냐에 따라 달라진다. 어떤 아이들과 비교하면 느리고, 또 어떤 아이들과 비교하면 빠르다. 모든 것은 다 때가 있다. 한글 떼는 것도 그렇다. 아이는 7살 되던 해 10월 즈음 한글을 많이 떼서 일정 수준의 받아쓰기가 가능해졌다. 분명한 사실은 내가 방치한 것에 비하면 꽤 놀라운 성과라는 것!

싱크대에
처박힌 식판

아이를 낳고 모유 수유를 하던 시절, 빨리 이유식을 시작하고 싶었다. 작은 입을 오물거리며 이유식을 받아먹을 아이의 모습을 상상하니 하루라도 더 빨리 그 모습을 보고 싶었다. 기대가 컸던 만큼 첫 미음을 먹일 때의 감동은 배가 되었다. 간이 전혀 되어 있지 않은, 내 입에는 무(無)맛인 그 미음을 아이는 참 잘도 받아먹었다.

그런 아이의 이유식에 새로운 재료를 추가하는 것은 내게 또 다른 즐거움이었다. 이유식의 양도, 먹는 횟수도 늘어나면서 시판 이유식을 먹이긴 했지만 아이가 점점 밥 같은 음식물을 먹는다는 게 기뻤다.

"얼른 커서 엄마 아빠랑 맛있는 거 먹자."

그땐 무엇이든 잘 받아먹는 아이에게 뭔가 먹이는 게 그렇게 즐거웠는데 지금은 상황이 180도 달라졌다. 밥 먹으라고 차려놓으면 아이는 "나 이거 싫어하는 건데.", "배 안 고파. 과자 줘."라며 밥 투정을 한다. 첫째는 투정을 하면서도 잘 먹는 편인데 둘째는 밥 투정을 시작하면 먹지도 않는다. 특히 밥 먹는 태도가 아주 불량하다. 유아 식탁에 앉으라고 하면 "나 애기 아니야!"라며 거부하고, 어른 의자는 식탁과 높이가 안 맞기 때문인지 바른 자세로 앉는 일이 거의 없다.

제일 큰 문제는 밥알을 세고 있다는 것이다. 항상 밥을 입 안에 넣고는 물고만 있다. 첫째가 30분 만에 식사를 마친다면 둘째는 1시간 혹은 그 이상이 걸린다. 그것도 밥을 다 먹지 않은 채로 배부르다며 밥상을 떠나기 일쑤다. 과거의 나는 이유식을 준비하고 먹이면서 즐거웠지만 지금의 나는 신경질이 난다. 어차피 먹지도 않고 버려지는 걸 만들어봤자 뭐하나 싶기도 하다.

하루는 밥을 먹지 않고 깨작거리는 아이에게 너무 화가 났다. 많은 전문가들이 이야기하는 바른 식습관 들이는 방법 같은 건 생각도 나지 않았다.

"먹기 싫으면 먹지 마. 엄마가 배고파서 먹어? 너 배고프니까 먹는 거야. 먹지 말고 저리 가!"

식판은 그대로 싱크대에 내동댕이쳐졌다. 여기저기 파편처럼 튄 음식물은 안중에도 없었다. 나는 그래도 화가 풀리지 않아 한참을 씩씩거렸다. 그릇이 다 깨질 듯 설거지를 했다. 음식을 하는 내내 아이가 맛있게 먹어줄 모습을 상상하며 성장에 좋다는 재료를 다양하게 넣고 해주었는데, 그 음식들을 거부하는 아이를 보니 화가 치밀었다.

어떤 지인 역시 딸인 둘째 아이가 그렇게 밥 먹는 것을 거부했다고 한다. 먹기 싫으면 먹지 말라며 밥도 간식도 아무것도 주지 않았는데 아이는 끝까지 버텼다는 것이다. 결국은 병원행. 그 이후로는 밥 위에 아이가 좋아하는 초콜릿을 얹어주었다고 지인은 말했다. 그랬더니 밥을 잘 먹더라고.

어떤 방법으로든 일단 밥을 먹여야 하는 걸까, 밥을 먹지 않더라도 올바른 식습관을 길러줘야 하는 걸까? 싱크대에 처박힌 식판을 보면 아이가 정신을 차리고 밥을 잘 먹을 줄 알았는데 그것도 잠깐. 오늘도 아침부터 밥 투정을 해서 혼을 많이 냈다.

둘째가 5시 하원 후에 옆 단지 아파트 장에 들러 치즈스틱과 어묵 꼬치를 배불리 먹었다. 저녁밥을 차려줘도 안 먹을 것 같아서 아이에게 물었다. "오늘 저녁은 과일 먹고 끝낼까?" 아이도 좋아했다. 나 역시 차리고 치우는 수고를 덜 수 있었다. 그런데 반전. 밤 10시 넘어서까지 잠들지 못한 아이가 "배고파."란다. 그 시간에 밥을 차렸다. 내 잘못도 있었기에 군소리 없이.

그네에 담긴
철학

첫째가 7살의 가을을 보내고 있던 10월의 어느 날. 언제나처럼 하원 후에 놀이터를 찾았다. 한참 미끄럼틀에서 놀던 아이는 그네를 좋아하는 동생을 따라 그네에 자리를 잡았다. 그러고는 나를 불렀다.

"엄마, 밀어줘."

"너 나이가 몇 갠데 아직도 그네를 밀어달래. 혼자 좀 타봐."

"안 되니까 그러지."

그네 타는 방법을 여러 번 알려줬지만 첫째는 아직도 혼자 그네를 탈 줄 몰랐다. 내 입장에선 그런 아이가 답답하기 짝이 없었다. 혼자서, 그것도 서서 그네를 신나게 타는 첫째 또래 (가끔은 더 어린) 아이들을 보면 '까불 줄만 알았지, 제대로 할 줄 아는 건 하나도 없네.'라는 실망을 감출 수 없었다.

'그냥 한 번 밀어주면 되지.'라고 생각할 때도 있다. 그러면 내 몸이 좀 힘들어지지만 상황은 빨리 종료된다. 하지만 끝까지 혼자 해보길 강요하는 내게도 나름의 이유는 있다.

그네를 타고 높이 오르기 위해선 그만큼의 노력이 필요하다. 다리를 폈다 접었다 해야 하고, 그 타이밍도 알아야 한다. 그리고 많이 해봐야 한다. 잠깐 해보고 안 된다며 누군가의 도움을 받으려 한다면 다음번에도 그네를 타기 위해 타인의 손을 필요로 할 수밖에 없다. 나는 아이가 스스로 안 되면 엄마가, 혹은 아빠가 해주니까 괜찮다는 생각을 갖지 않으면 좋겠다. 안 되면 더 노력해서 되게 하겠다는 의지를 가진 아이였으면 좋겠다.

그네는 우리의 삶과 참 많이 닮아 있다. 하는 방법을 알고 익혀야 하며, 그것을 하기 위해 부단히 노력해야 한다. '고작 그네 하나 타는 것도 혼자 못하는데 앞으로 수많은 고비를 어떻게 넘길 수 있을까?'라는 걱정이 드는 것도 이 때문이다.

겨우 7살에게 너무 많은 것을 바라는 걸까? 비단 그네 타는 문제만이 아니다. 아이는 종종 스스로 시도조차 하지 않고 도움을 청할 때가 있다. 부모로서 아이에게 닥친 어려운 상황에 도움을 주는 것은 당연하다. 하지만 직접 시도해본 후에 도움을 주는 것과 어려울 것 같아서 일말의 노력도 하지 않은 상태에서 도움을 주는 것은 다르다.

아이가 어릴 때 재미 삼아 점을 보러 간 적이 있다. 그는 '신점'을 보는 사람이었는데 첫째를 보면서 '아빠가 잘되면 잘되고, 아빠가 잘 안되면 힘들 수 있는 아이'라고 표현했다. 점을 맹신하는 것도 아니고, 그런 말은 꼭 점을 보지 않더라도 누구나 할 수 있는 이야기지만 기분이 썩 좋지는 않았다. 그만큼 부모에게 의지하는 아이일 수도 있다는 뜻이니까. 그래서 더더욱 무엇이든 아이가 자기 힘으로 할 수 있을 때까지 노력하길 바라는 마음도 있다.

지금껏 여러 가지 어려운 상황에서 내가, 혹은 남편이 무심코 아이에게 도움을 주었던 모양이다. 아이는 조금만 어려운 일이 있을 때면 아무렇지도 않게 나를 찾는다. 그런 아이를 보면 내 안에서 또 뜨거운 불꽃이 피어난다. 그리고 그 불꽃은 이내 밖으로 표출된다.

"왜 해보지도 않고 못한다고 그래. 네가 해보면 되잖아. 왜 이것도 못해."

우리 부부는 아이에게 다양한 경험을 많이 시켜주고 싶다. 새로운 것을 배우고 익히는 것에 대한 지원을 아끼지 않으려 한다. 그런데 특히 첫째가 부모의 의지를 따라주지 못한다. 아이는 새로운 것에 대한 도전을 꺼리는 편이다. 두려워하는 것 같기도 하다. 싫다는데 무조건 시킬 수도 없고 안타까울 뿐이다. 그나마 최근에는 그네를 혼자 타기 시작했다. 조금 느릴 뿐이지, 언젠가 하긴 하는구나 싶어 조금은 안심이 된다.

싸우지 않고는 못 사는
3살 터울의 남매

둘째를 임신 중일 때 성별이 딸이라는 것을 알게 된 후부터 나는 줄곧 꿈꾸었다. 서로에게 없어서는 안 될, 함께 있을 때 더 아름다운 남매의 모습을. 드라마나 영화에 나오는 것처럼 여동생을 든든하게 지켜주고 잘 이끌어주는 자상한 오빠와 그런 오빠를 잘 따르는 여동생. 상상만 해도 행복했다. 하지만 그건 아름다운 '이야기'일 뿐이다. 적어도 지금의 내 아이들에게선 설대로 기대할 수 없는 모습이다.

어린 둘째가 누워만 지내던 시절, 첫째는 분명 동생을 예뻐했다. 동생이 울 때면 공갈젖꼭지를 물려주거나 장난감을 갖다주기도 하고, 좀 더 커서는 식사 시간에 밥을 떠먹여주기도 했다.

머리를 쓰다듬으며 "참 귀여워."라고 하기도 했고, 어린이집에서 돌아오면 동생의 이름을 부르며 달려간 적도 여러 번이다. 둘째도 그런 오빠가 좋은지 오빠를 보며 방글방글 웃었다. 오빠를 바라보는 눈빛도 따뜻하게 느껴졌다. 그래, 그땐 분명 그랬다.

첫째가 8살, 둘째가 5살인 지금은 그때의 사이 좋은 모습을 찾아보기가 쉽지 않다. 두 녀석의 관계를 볼 수 있는 대표적인 에피소드를 몇 가지 꼽아본다.

에피소드 1

나는 저녁을 먹인 후 7~9시쯤에 TV를 보게 해준다. 그런데 이 시간에 두 아이는 서로 보고 싶은 프로그램이 다르다. 애초에 싸움을 막기 위해 특정 채널을 정해주었지만 요즘 리모컨 조작법을 알게 된 첫째가 채널을 바꿀 때가 종종 있다. 이때부터 둘의 다툼이 시작된다.

"엄마! 오빠가 다른 거 틀었어."

"딱 이것만 볼게."

"오빠 봤으니까 이제 내가 보고 싶은 거 봐야지."

"이거 끝나고 또 한단 말이야!"

집 정리를 하는 동안 조용히 앉아서 보라고 TV를 틀어주는 것이었는데 얌전하긴커녕 싸우고 있다. 상상 속 남매의 모습은 뭐든 서로 양보하는 것이었는데…. 그게 뭐라고, 둘이 양보 좀 하면 안 되나?

에피소드 2

포도를 씻고 있는데 둘째가 옆에 왔길래 입에 포도 한 알을 넣어주고는 오빠에게 한 알을 갖다주라고 내밀었다. 둘째가 쪼르르 오빠에게 가서 입에 넣어주려고 했지만 첫째는 "싫어. 안 먹어. 네가 주는 거 싫다고!"라며 화를 냈다. 그냥 손에 주려는데도 싫다고 뿌리쳤다. 내 상상 속 남매는 한없이 다정한 모습이었는데…. 그것 좀 받아먹으면 어디가 덧나나?

에피소드 3

첫째와 둘째는 각자 자신이 좋아하는 색상의 컵을 쓴다. 한 번은 첫째의 컵을 씻어놓지 않아서 "동생 먹던 컵에 마시자."라고 했더니 첫째가 발끈하며 "얘 침 묻었잖아. 싫어!"라고 소리쳤다. 내 상상 속 남매는 먹던 아이스크림도 나눠 먹는 모습이었는데…. 침 안 묻은 쪽으로 먹으면 안 되겠니?

에피소드 4

놀이터나 키즈카페에 가면 첫째는 다른 동생들과 잘 노는 편이다. 특히 외동인 남자아이들은 첫째와 노는 것을 좋아했다. 그런데 둘째는 꼭 내게 달려와 같이 놀자고 한다. "가서 오빠랑 놀아." 하면 "싫어." 하고, 첫째를 불러 "동생도 좀 데리고 놀아." 하면 첫째도 "싫어. 걔랑 노는 거 재미 없단 말이야." 한다. 내 상상 속 남매는 늘 손잡고 다니면서 오빠가 동생이 위험하지 않도록 돌봐주는 것이었는데…. 네 동생이랑 노는 건 재미 없으면서 다른 동생들이랑은 그렇게 잘 노니?

에피소드 5

첫째가 바닥에 누워 있거나 엎드려 있으면 열에 여덟아홉은 둘째가 그 위로 올라탄다. 그렇게 잘 놀 때도 있지만 싸움이 나는 경우가 더 많다.

"아, 좀 내려가라고."

"싫어~ 싫어~"

"오빠 아파. 좀 내려가!"

둘째는 좀처럼 고집을 꺾지 않는다. 첫째가 내려가라고 소리쳐도 내려오지 않는다. 결국 내가 가서 둘을 갈라놓아야 싸움이 끝난다. 내 상상 속 남매는 다정하게 노는 모습이었는데….

"둘이 사이 좋게 놀면 안 되냐. 넌 왜 계속 오빠 등에 올라타고 난리야!" 결국 또 소리를 지르고 만다.

물론 둘의 사이가 좋을 때도 있다. 대표적인 경우는 엄마한테 혼났을 때다. 나는 보통 둘을 같이 혼내는 편인데, 너무 화가 나면 "둘 다 방에 들어가 있어."라고 한다. 그러면 둘이 방에 들어가 내 눈치를 보다가 속닥거리기 시작한다.

"엄마 진짜 나쁘다, 그치?"

"어, 맞아. 엄마가 오빠한테 소리 질렀어. 그치?"

"그러니까. 엄마가 너한테도 막 화내고."

"맞아 맞아."

이럴 때는 어쩜 둘이 그렇게 죽이 잘 맞는지…. 평소에도 그러면 안 되는 거니?

사실 나도 안다. 우리 아이들 나이에는 내가 꿈꾸던 사이 좋은 남매의 모습을 찾기 힘들다는 것을. 나 역시 오빠와 남매로 자라면서 어릴 땐 몰랐지만 성인이 되고 나서야 서로의 존재가 소중하다는 것을 깨달았다.

MBC 예능 프로그램 〈나 혼자 산다〉에서 헨리가 오랜만에 만난 여동생을 잘 챙겨주는 모습을 보면서 '아, 남매는 저래야 되는 건데.'라는 생각을 했다. 우리 아이들도 그런 남매의 모습으로 자라면 좋겠는데…. 일단은 포기!

내가 상상하는 다정한 남매의 모습을 떠올려보면 나는 은근히 오빠인

첫째에게 기대하는 부분이 많은 것 같다. 왜 꼭 오빠의 역할을 강요하

게 될까. 생각해보니 내게도 오빠가 있다. 대리만족이라도 하고 싶은 모

양이다.

하나 더 낳아 vs.
하나만 잘 키워

흔히 어른들은 아이가 없는 부부에게 "빨리 애 하나 낳아야지."라고들 하신다. 그리고 아이가 하나인 부부에겐 "하나 더 낳아야지. 애는 둘은 있어야 해."라고 하고, 또 아들이 없는 부부에겐 "그래도 아들은 하나 낳아야지."라고 하신다.

아이를 낳든 안 낳든, 몇 명을 낳든 정답은 없다. 부부에겐 그들만의 계획이 있을 테니 누가 더 낳아라 마라 할 만한 주제는 아니다.

나는 육아가 얼마나 힘든지 몰랐던 '무식한' 시절, 아이를 넷이나 낳겠다고 했었다. 아들 둘, 딸 둘. 그 생각이 첫째 출산

후에 바뀌었다. 딱 둘만 낳자고. 아들 하나, 딸 하나. 그 당시 내게 둘째를 낳을 거냐고 묻는 지인들이 있었다. 나는 망설임 없이 답했다. "그래도 둘은 있어야 하지 않을까? 혼자는 너무 외롭잖아." 누가 강요한 것도 아닌데 나는 그렇게 생각하며 오로지 딸을 갖고 싶다는 바람으로 둘째를 낳았다.

아이가 둘이 된 지금, 아이가 하나인 지인들이 묻는다. "하나 더 있어야 해?"라고. 내 대답은 상황에 따라 달라진다. 두 아이가 잘 놀고 크게 속 썩이지 않는 상황이라면 "응. 둘 키워도 괜찮을 것 같아."라고 하지만 내가 힘들고 지쳐 있을 땐 "무슨 둘이야. 하나면 충분해!"라고 힘주어 말한다.

그리고 내게 셋째를 낳을지 묻는 사람들에게는 "그건 미친 짓이야. 내가 셋을 낳으면 애들이나 나나 다 같이 정신병원에 실려갈 거야."라고 치를 떨며 말한다. 아이를 셋 혹은 그 이상 낳아 잘 키우는 가정도 있지만 적어도 나는 못한다. 그건 내 능력 밖의 일이다.

하나를 키우든 둘이나 셋, 그 이상을 키우든 장단점은 있다. 아이가 하나라면 그 아이에게만 집중할 수 있다는 것이 가장 큰 장점이다. 부부의 에너지도, 돈도 그 아이에게 집중된다. 한편 둘째에 대한 아쉬움을 버리지 못하는 부모도 있다. 내 지인의 경우 안타깝게도 배 속의 둘째를 놓쳤다. 그 후로 쭉 아이 하나를 키우고 있는데, 아이가 늘 혼자 노는 것을 안타까워한다. 혼자 놀지 않게 하려고 친구들과의 만남을 만들어야 한다는 부담도 갖고 있는 모양이다. 또 다른 지인은 자신들이 세상을 떠났을 때 혈연 없이 혼자 남겨지게 될 아이를 걱정한다. 그런데 아이가 둘 이상이라고 서로 잘 노는 것도 아니고, 아이가 성인이 된 후까지 그들의 관계가 좋다고 보장할 수도 없다.

반면 아이가 둘 이상이라면 부부의 에너지며 돈이며 모두 나눠야 한다. 한 아이에게만 집중할 수 없다. 그리고 육아로 인해 받는 스트레스가 훨씬 크다. 무엇을 상상하든 그 이상이다. 때때로 '하나만 낳을 걸 그랬나 봐.' 하는 후회를 하기도 한다. 대신 아이들이 같이 잘 놀 때는 그렇게 뿌듯할 수가 없다. 서로의 것을 양보하며 놀이를 하고, 한글을 읽을 줄 아는 큰 아이가 동생에게 책을 읽어줄 때면 '아이 둘 낳길 참 잘했구나.' 하는 생각이 든다.

'아이는 하나면 된다.', '그래도 둘은 있어야 한다.', '많을수록 좋다.' 사람들은 각자의 생각을 내놓지만 정답은 없다. 누구에게 강요할 필요도, 누구를 부러워할 필요도 없다. 부부의 결정이 정답이다. 그 결정으로 인해 아쉬움을 느끼는 것도, 후회를 하는 것도 그 부부의 몫이다.

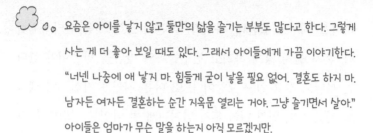

요즘은 아이를 낳지 않고 둘만의 삶을 즐기는 부부도 많다고 한다. 그렇게 사는 게 더 좋아 보일 때도 있다. 그래서 아이들에게 가끔 이야기한다. "너넨 나중에 애 낳지 마. 힘들게 굳이 낳을 필요 없어. 결혼도 하지 마. 남자든 여자든 결혼하는 순간 지옥문 열리는 거야. 그냥 즐기면서 살아." 아이들은 엄마가 무슨 말을 하는지 아직 모르겠지만.

아들한텐 "야!",
딸한텐 "치대지 마!"

흔히 아들 육아는 몸이 힘들고, 딸 육아는 정신이 힘들다고 한
다. 모든 아이가 그런 건 아니지만 여자아이와 남자아이의 보
편적인 성향이 그렇다는 의미다. 예전에는 그게 무슨 말인지
잘 몰랐는데 딸과 아들을 모두 키우고 있는 지금은 그 말에 격
하게 공감한다.

아들인 첫째를 키우면서 나는 참 많이 힘들었다. 말을 듣고
안 듣고를 떠나서 아이의 체력을 따라가기가 굉장히 버거웠다.
아이는 계속 에너지를 뿜어내며 몸으로 하는 놀이를 즐겼지만
내가 그렇게 놀아주기에는 체력이 부족했다. 그것이 내겐 너무
도 큰 스트레스였다. 연신 뛰고 싶고, 엄마 등에 올라타고 싶

고, 침대를 오르락내리락 점프하고 싶은 아이에게 많이 화를 냈던 기억이 난다. 아이 아빠가 같이 놀아주면 좋겠지만 지금이나 그때나 나는 독박육아 중이니 그걸 바랄 수도 없었다.

둘째는 다행히 딸이다. 첫째같이 에너지 넘치는 아들을 또 키울 자신이 없었는데 정말 감사한 일이라고 생각했다. 둘째를 임신 중일 때 딸 가진 지인들이 "딸 키울 때는 정신적으로 힘들어."라고들 했는데, 당시엔 어떤 의미인지 몰랐지만 이제는 안다. 정신적으로 힘들다는 게 어떤 건지. 딸아이는 부드럽게 대해야 한다. 더 예민하다고 해야 할까. 오빠의 영향으로 아들 못지않게 에너지가 넘치면서도 섬세함과 예민함이 극에 달한다.

요즘 내가 첫째와 둘째에게 가장 많이 하는 말만 떠올려봐도 두 아이의 차이를 느낄 수 있다. 아들인 첫째에게 가장 많이 하는 말은 "야!"다. 사실 말이라기보다 '악'을 쓰는 것에 더 가깝다. 아이는 뛰어다니고 점프를 하고 아무 데서나 공 차는 시늉을 한다. 말 그대로 몸을 많이 움직이는데, 그래서인지 내가 불러도 바로 답하지 않는다. 못 들은 건지 듣고도 모르는 척하는 건지는 모르겠지만, 몇 차례 이름을 부르다 답답하고 짜증이 나서 "야!" 하고 부르면 그제서야 나를 본다.

그리고 혼을 내거나 하던 행동을 제지하면 보통 그걸로 끝이다. 뒤끝 같은 건 없다. 이러다 보니 미안하지만 다소 과격하게 아이를 대할 수밖에 없다. 그래서 다른 사람들이 나를 보며 '전형적인 아들 엄마'라고 하는 모양이다.

딸인 둘째에게는 "치대지 좀 마!"라는 말을 가장 많이 한다. 물론 "야!"도 많이 하지만 치대지 말라는 말의 비중이 더 크다. 아이가 어찌나 치대는지 내가 어디 앉기만 하면 내 다리 위로 올라온다. 내 다리를 베고 눕기도 하고 등에 매달리기도 한다. 내 얼굴을 두 손으로 비비고 눈이며 코며 입이며 계속 만져댄다. 서서 이것저것 하고 있으면 쫓아다니면서 내 다리에 매달리거나 바짓가랑이를 잡고 늘어진다.

최근에는 치대는 정도가 더 심해졌다. "치대지 좀 말라고!" 이 말을 몇 번 하면 멈추긴 하지만, 둘째는 훌쩍거리며 방으로 들어가 베개에 얼굴을 묻는다. 어깨를 들썩이며 자기가 삐쳤다는 걸 강하게 어필한다. 딸 육아에서는 정서적인 교감이 중요하다지만, 아이의 감정을 일일이 세심하게 들여다보기가 여간 쉽지 않다.

내 아이들만 이런가 싶어 지인들에게 물어보면 대부분 비슷한 이야기를 한다. 나만 그런 것이 아니란 사실에 안심했다가도 '그냥 받아들여야 하는 일'이라는 데 좌절하고 만다.

아들 육아는 엄마가 여자여서 남자인 아이를 이해하지 못해 힘들다고 하는데, 같은 여자인 딸을 키우는 건 왜 이렇게 힘든 걸까. 참 많이 다른 딸과 아들. 그래서 나는 어느 한쪽의 육아도 제대로 하지 못하고 피폐해지기만 하나 보다.

둘째의 예민함이 더욱 심해졌다. 하루에도 여러 번 다른 인격체를 가진 사람이 된다. 무슨 말을 하든 막무가내다. 그런 아이를 보며 나는 '그분이 오셨다'고 표현한다. 요즘 그분이 너무 자주 찾아온다. 오늘 아침에도 서너 번 찾아왔다. 이제 제발 그만 좀 오세요.

아들 엄마,
어쩔 수 없는 엄마깡패?

육아 전문가인 오은영 박사는 아이를 정서적으로 편안한 사람으로 키우고 싶다면 부모의 말투가 기본적으로 다정해야 한다고 말한다. 아이의 마음을 잘 읽어주고, 기본적으로 아이를 존중해주고, 아이의 말에 귀 기울여야 한다고. 그런데 나는 대체 왜 이럴까. 내게는 기본적으로 '다정'보다는 '협박'에 가까운 말투가 장착되어 있다.

배우 고소영 씨는 과거 드라마 제작 발표회에서 "사내아이를 키우다 보면 '엄마깡패'가 된다는 말에 공감하고 있다."라며 고충을 털어놓았다. 그렇다. 남자아이 키우는 엄마들은 아침에 눈 뜰 때부터 소리를 지르기 시작해 밤에 눈 감을 때까지 소리를 지른다고들 한다. 같은 아들 엄마 입장에서 그 말이 100% 공감된다.

8년째 아들을 키우고 있는 엄마의 입장에서 아들 엄마만이 이해할 수 있는 묘한 공통점이 있는데, 대표적인 것이 목소리다. 아들 엄마는 목소리가 크다. 주위의 5살 이상 여자아이들의 경우 잘못을 했을 때 엄마가 불러 조곤조곤 이야기하면 그 말을 이해하고 잘못을 고치는 경우가 많다. 나도 아들인 첫째에게 여러 차례 같은 방법을 시도해봤으나 매번 실패다. 조용한 목소리로 아이를 부르면 아무 반응이 없다가 목소리가 커지면 그제서야 반응한다. 다른 아들 엄마들의 이야기를 듣다 보면 이런 경우는 비단 나에게만 해당되는 건 아닌 것 같다.

아들을 불러서 조용히 이야기하고 보내고, 또 불러서 조용히 이야기하고 보내도 아이는 그 순간에만 알았다고 할 뿐이다. 뒤돌아서면 또 같은 잘못을 하고 있다. 심지어 "그렇게 하면 안 돼."라고 이야기하는 중에도 아이는 그 행동을 하고 있다. 결국 몇 번 화를 참다가 "야아!" 하고 소리를 지르고 만다. 슬프게도 조용히 여러 번 이야기하는 것보다 소리 한 번 지르는 게 효과가 빠르다. 제발, 부디, 하루라도 소리 안 지르고 평화롭게 보낼 수 있으면 좋겠다.

아들을 키우다 보면 미칠 것 같다는 말이 딱 맞다. 도통 말이 통하지 않고 반항만 하는 아들을 두고 혼자 오만 가지 생각을 한다. 도대체 왜, 아들의 말과 행동을 이해할 수 없을까? 전문가들은 여자인 엄마는 남자인 아들을 이해할 수 없다고 한다. 그래서 둘 사이에서 큰소리가 오가고 갈등이 생긴다고. 반면 같은 남자인 아빠는 아들과의 갈등이 비교적 적어 엄마와 아들 사이에 싸움이 일어났을 때 아빠가 중재에 나서면 의외로 쉽게 문제가 해결된다고 한다.

첫째가 6살이 되었을 무렵, 고집이 하늘을 찌르는 데다 제멋대로이고 폭력적으로 되어가는 것 같아 아들 키우는 방법에 대한 육아서를 여러 권 찾아보았다. 통상적으로 여자와 남자의 차이를 '화성에서 온 남자, 금성에서 온 여자'라고 표현하곤 하는데, 엄마와 아들의 차이는 단순히 여자와 남자의 차이가 아니라고 한다. 여자와 남자는 서로 충돌하고 대화하고 이해하는 모든 과정에서 양쪽 다 노력하지만, 엄마와 아들 사이에서는 오로지 엄마 혼자 일을 해결해야 하기에 더 힘들다고 한 육아서는 이야기한다.

때때로 아들과 같이 노는 여자아이들에게 미안한 마음이 들기도 한다. 보통 남자아이가 4살을 넘어서면 노는 방식이 여자

아이와 확실히 달라진다. 성향에 따라 그렇지 않은 경우도 있지만 대부분 남자의 특성상 여자아이보다 움직임이 크고 거칠며 다소 폭력적이다. 표현하는 방식도 차이가 있다. 남자아이와 여자아이가 섞여서 잘 놀다가 남자아이 때문에 여자아이가 속상하다며 울고 오는 경우도 많다. 그런 남자아이를 색안경 끼고 바라보는 딸 엄마들도 더러 있어 늘 조심스럽다.

한편으로는 엄마로서 아들에게 미안한 마음도 있다. 엄마여서, 여자여서 아이를 이해하지 못하기 때문에. 아이가 왜 그런 행동을 하는지 아이의 마음을 더 잘 이해할 수 있다면 갈등을 줄이고 평화로운 하루가 이어질 텐데 말이다. 아들의 말과 행동이 납득되지 않아 나는 덮어놓고 소리를 지르고 무조건 엄마 말에 따르라고 강요할 때도 있다. 그럴 때 아이는 자신의 마음을 몰라주는 엄마가 원망스럽고 속상할 것이다. 그런 마음조차 제대로 헤아리지 못하는 것 같아 아이가 안쓰럽다.

몇몇 짐승 같은 사람들을 빼면, 엄마들은 분명 모두가 위대하다. 특히 아들 엄마는 더 대단한 것 같다. 소리 한 번 안 지르는 아들 엄마가 있다면 그 비법을 전수받고 싶다. 또 아들을 훌륭하게 키워낸 엄마를 보면 정말 존경스럽다. 어떻게 하면 아들을 더 잘 이해하고, 아들과 나 사이의 갈등을 줄일 수 있을까. 오늘도 내 머리는 그 고민으로 가득하다.

같은 남자인 아빠는 아들을 더 잘 이해할 수 있다고 하는데 종종 아빠도 아들을 이해하지 못한다. 아빠와 아들 중 누구에게 문제가 있는 걸까.

#3

혼자만의 반성,
전하지 못한 이야기

너는 내게 '힘듦'이자 '위로'다

아이와 함께 있으면 엉덩이 붙이고 앉아 가만히 쉴 틈도 없다. 잠시라도 멍하니 있고 싶지만 이내 아이들은 내게 달려든다. 그렇게 아이는 나를 힘들게만 하는 줄 알았는데, 가끔은 나를 위로하고 내 잘못을 반성하게 하기도 한다. 내가 진정한 의미의 어른이 될 수 있는 기회를 준다.

유난히 힘들고 지치는 날이 있다. 계속 화가 나고 신경질이 나고 만사가 귀찮다. 그런 날일수록 아이는 한시도 나를 가만두지 않고 계속 화를 돋운다. 밥을 먹을 때도, 놀이를 할 때도, TV를 보며 쉴 때도, 외출을 할 때도 아이는 지독히도 내 말을 안 듣고 하지 말라는 짓만 골라 한다.

아니다. 실은 내가 신경질이 나 있는 상태이기 때문에 평소와 다를 바 없는 별것 아닌 일에도 예민하게 반응하게 되는 거다. 그래, 아이는 잘못이 없다. 아이는 평소와 같다. 그걸 알면서도 난 내 감정대로 아이를 대한다. 그때 난 '엄마'라기보다 '그냥 사람'에 가깝다.

한 번 혼냈는데도 아이는 뒤돌아서면 똑같은 행동을 하고 있다. 나는 수시로 화를 내고 소리를 지른다. "나가!", "저리 가!", "너 자꾸 말 안 들을 거야?" 그렇게 소리를 지르고 모진 말을 하고 나면 나 역시 마음이 편치 않다. 감정을 추스르지 못하고 아이를 다그치고 있는 내 모습에 짜증나고 화가 나서 더 신경질적이 된다. 그러다 보면 이 악순환은 계속 반복된다.

하루의 일과를 힘겹게 마치고 아이를 재우려 같이 누워서 나는 생각한다. '제발, 제발, 제발, 잘 때만은 제발 그냥 자자.' 이렇게 힘든 날에는 아이들을 빨리 재우고 쉬는 게 제일이다. 아이는 엄마의 이런 마음을 아는지 모르는지 누워서도 계속 장난을 치고 딴짓을 한다. 자자는 말을 몇 번씩 하다가 결국 소리 한 번 콱 지르고 난 후에야 침묵이 흐른다.

그날도 그랬다. 제발 빨리 자라는 마음으로 아이 옆에 누워 있는데 무언가 내 머리에 닿았다. 둘째의 손이었다. 아이는 내게 몸을 기대오며 내 손을 가져가 자신의 얼굴에 댔다. 그리고 내 머리를 부드럽게 쓰다듬었다. 그렇게 나는 마치 아이 품에 안겨 있는 듯한 자세로 가만히 있었다. '뭐지, 이 따뜻함은.' 감고 있던 눈을 뜨고 아이를 보니 아이가 나를 바라보며 미소 짓고 있었다. 우리 사이에는 아무런 말이 없었지만 아이는 내게 마음으로 이야기하는 것 같았다.

'엄마 힘든 거 알아요. 미안해요, 엄마 힘들게 해서. 혼자 너무 자책하지 말아요. 엄마가 잘못한 게 아니에요. 내일은 엄마 말씀 더 잘 들을게요.'

'아가야, 미안해. 엄마가 오늘 그냥 좀 힘들어서 그랬어. 화 많이 내서 미안해. 소리 많이 질러서 미안해. 내일은 엄마도 더 잘해볼게.'

우리는 이렇게 묵언의 대화를 마치고 잠이 들었다. 그렇게 잘 자고 일어나면 나는 '그냥 사람'이 아니라 다시 '엄마'가 된다. 잠시라도.

육아는 분명 쉽지 않은 일이다. 내 뜻대로 되지도 않고, 나만 잘한다고 되는 것도 아니다. 게다가 열심히 한 티는 잘 나지 않으면서 잘못한 것은 바로 드러나 곤란하기도 하다. 이런 어려움 속에서 아이는 내게 '힘듦'인 동시에 '위로'다. 그리고 '반성'이다.

눕고 나서 5~10분이면 잠드는 첫째와 달리 둘째는 잠들기까지 꽤 오랜 시간이 걸린다. 내가 자는 척하고 누워 있으면 둘째는 내 얼굴을 쓰다듬으며 뽀뽀를 하고 팔다리를 주무른다. 처음에는 '얘 뭐하는 거지?' 싶었는데 어쩌면 아이는 그런 행동으로 엄마에게 사랑을 표현하고 위로하려는 것인지도 모르겠다.

미안해, 육아가
하나도 즐겁지 않아

나는 아이를 많이 낳고 싶었다. 하지만 현실에 닥치고 보니 그건 내가 할 수 있는 일이 아니었다. 지금 겨우 아이 둘만으로도 숨이 막힐 듯 힘들다.

나는 천성적으로 아이와는 안 맞는 모양이다. 아이를 좋아한다고 생각했는데 아니었다. 그저 말썽 안 부리는 남의 아이를 관찰자 입장에서 잠깐씩 보는 게 좋았던 거다.

아이들에겐 미안하지만, 나는 육아가 즐겁지 않을 때가 많다. 쉴 틈 없이 나를 찾는 아이들이, 자꾸 치대는 아이들이, 이거 해달라 저거 내놔라 하는 아이들이, 내 말은 귓등으로도 안 듣는 것 같은 아이들이 종종 너무 밉다. 꼴 보기 싫다는 생각이 들기도 한다. 좋게 이야기해도, 화를 내고 소리를 지르고 매를 들어도 아이들은 늘 그대로다.

그런데 문제는 그런 나 자신에게 더 화나고 짜증이 난다는 것이다. 난 왜 이렇게 화가 많은 엄마인 걸까. 유치원에서 하원시키며 "오늘은 우리 잘 해보자!"라고 기분 좋게 파이팅을 외치지만 나는 시간이 지날수록 야수로 변해간다.

혹시 나로 인해 아이들의 정서나 인성에 문제가 생기는 건 아닐까 염려가 되기도 한다. 가끔 뉴스 헤드라인을 장식하는 끔찍한 사건의 피의자가 불행한 어린 시절을 겪었다는 보도라도 나오면 심장이 덜컹 내려앉는다. 내가 지금 내 아이들을 문제아로 키우는 것은 아닐까 하고.

그런데 나도 내 감정이 주체가 되지 않는다. 다 멈추고 내려놓고 싶다. 혼자 몸으로 어디든 사라지고 싶다. 아이들에게 소리 지르고 화내고 폭언을 퍼붓는 내가 참 싫다. 그럴 때 나는 뉴스에 나오는 폭력 부모와 다를 게 없다는 생각이 든다.

나의 지인들은 독박육아인 게 문제라고 한다. 스트레스를 받아도 어디에 풀지 못하고 속에 쌓이기만 하니 아이들에게 화를 더 많이 내게 되는 거라고. 그 말도 맞다. 그렇다고 누구를 원망하랴. 게다가 세상에 나만 독박육아인 것도 아닌데, 유난도 이런 유난이 없다.

종종 아이들이 지금의 내 삶을 정체되게 하고 있다는 생각도 든다. 내가 아닌 누구의 엄마로만 살고 있다는 의미다. 그게 나쁜 것은 아니지만 나도 엄마이기 전에 '나'로서 살고 싶다.

어른들이나 선배 엄마들은 말한다. "애들 금방 커. 키워놓고 네 삶을 살아." 하지만 그전에 내가 어떻게 될 것만 같다. 지금의 하루하루가 내겐 참 버겁다. 나는 엄마가 될 자격이 없는 사람인가 보다.

그래, 인정한다. 우울증 같은 건가 보다. 감정이 한없이 밑으로 곤두박질친다. 이 부정적인 감정은 생리하듯 주기적으로 나를 찾아와 마음을 휘젓고 나를 꽉 움켜쥐었다가 사라진다. 그 과정에서 나는 자신을 힘들게 하고 아이들과 남편까지 힘들게 한다. 8년째 육아를 하면서도 이 감정을 혼자 이겨내기가 정말 힘들다. 내가 우울함의 늪에 빠질 때마다 누구든 손을 내밀어 주면 좋겠다.

육아, 그것도 독.박.육.아! 지금의 나는 육아가 죽을 맛이지만 곧 안정을 찾을 것이다. 지금껏 그래왔던 것처럼.

육아에 지쳐 한없이 우울하고 좌절하고 있는 모든 엄마들에게 이야기하고 싶다. 힘내세요! 이 또한 지나갑니다.

첫째와 둘째,
달라진 엄마의 마음가짐

아이 둘을 키우다 보니 첫째 때와 둘째 때, 달라진 나의 마음
가짐을 직면하게 된다. 둘째를 키우면서 생긴 내 마음의 가장
큰 변화는 웬만한 것에 대해서는 마음을 내려놓게 된다는 것
이다. 첫째를 키울 때는 작은 것 하나에도 굉장히 예민해지고
육아의 정석을 지키려고 했다. 그런데 항상 그게 정답은 아니
라는 것을, 둘째까지 낳은 후에 깨닫게 되었다.

　그래서 둘째를 낳은 후에 나는 마음을 내려놓기 위해 노력
하고 있다. 육아를 편하게 하려면 내려놓으면 된다고들 한다.
아이에게 기대하는 것, 엄마가 갖고 있는 기준, 어른들의 훈수
등에 대해 마음을 비우면 육아는 한결 편해진다.

괜찮아 괜찮아, 뭐든 괜찮아

요즘 내가 아이들한테 많이 하는 말 중 하나는 "괜찮아."다. 아이가 잘못을 했을 때 혼내지 않고 괜찮다고 하는 것이 아니다. 아이가 넘어지면 "괜찮아, 일어나.", 아이 옷이 젖어도 "괜찮아. 입고 있으면 다 말라.", 아이 몸에 작은 상처가 나도 "괜찮아. 금방 나으니까 약 안 발라도 돼."라며 의연하게 대응한다. 첫째 때는 아이한테 작은 상처라도 나면 그렇게 호들갑을 떨었는데 이젠 다 괜찮다고 한다. 사실 실제로도 크게 문제가 될 것은 없었다.

첫째가 신생아일 때 손톱으로 자기 얼굴을 긁어놓으면 그렇게 속상하고, 왜 손싸개를 안 해놓았을까 자책하곤 했다. 흉터라도 생길까 바로 약 발라주기는 필수. 그런데 둘째 때는 "괜찮아. 자기 손톱에 그런 건 흉도 안 져."라며 아무렇지 않아 한다.

속싸개를 하는 문제도 그렇다. 첫째 때는 속싸개를 풀면 안 되는 줄 알고 어른들이 아이가 답답할 테니 좀 풀어주라고 해도 안 된다며 싫어했다. 그런데 둘째 때는 아예 풀어놓거나 속싸개를 하는 대신 아이 팔을 바지 속으로 쏙 넣었다.

음식이나 간식 먹는 것도 마찬가지다. 단 음식, 짠 음식 등 자극적인 음식을 먹이면서도 "괜찮아. 어차피 먹게 될 거, 먹어도 탈 안 나."라며 그냥 먹이고 있는 나. 첫째 때는 두 돌 전까지 주지도 않았던 초콜릿과 일반 과자를 둘째는 돌 때부터 먹게 두었다. 물론 첫째가 먹으니 둘째에게만 안 줄 수 없다는 이유도 있지만.

급할 것 없어, 천천히 해도 돼

혼자 힘으로 일어서기, 걷기, 기저귀 떼기. 첫째 때는 뭐가 그리 급했는지 모르겠다. 왜 우리 아이는 이렇게 느린 걸까, 무슨 문제가 있는 걸까 마음 졸이고 조급해했다. 반면 둘째 때는? 무엇 하나 조급하지 않았다. 언젠가 할 거니까. 첫 아이를 키우며 아이의 발달이 너무 늦는 것 아니냐며 걱정하는 지인에게 "때가 되면 다 하는데 뭘 그렇게 재촉해. 너도 애한테도 스트레스야. 대부분의 경우 그냥 좀 늦는 거지 못하는 건 아니야."라며 '천천히'를 강조한다.

엄마는 아이의 주치의

두 돌 전까지 아이 몸에 열이 날 때도 첫째 때와 둘째 때의 반응은 달랐다. 첫째 때는 열만 나도 정말 큰 병에 걸리기라도 한듯 즉시 아이를 들쳐 안고 병원으로 냅다 뛰었는데, 둘째 때는 열이 나면 "목이 부었나 보다."라며 내가 의사인 양 진단을 내렸다. 특히 열은 꼭 밤에 오르기 시작해서 첫째 때는 응급실에도 여러 번 갔었으나, 둘째 때는 어디 크게 다친 게 아니면 응급실은 잘 가지 않았다. "응급실 가봤자 어차피 해열제 먹이고 대기시켜. 필요 이상으로 검사해서 애만 고생하고. 일단 이 해열제 먹이고 아침에 동네 병원 가자."라며.

전염병에 대처가 빠르다는 것도 둘째 엄마의 장점이라면 장점이다. 손이나 발에 작은 수포라도 보이면 '혹시' 하고 의심부터 한다. 이럴 땐 5G 속도로 병원행! 첫째 때는 수포가 올라와도 저게 뭘까 고민만 한참 했었는데….

이렇게 생각해보니 아이가 둘이 되면서 육아에 여유가 생긴 것 같다. 첫째를 키울 때는 모든 것이 처음이고 낯설고 두렵기만 했는데 이젠 내공이 쌓였다고나 할까. 아이를 키우며 조급하기만 했던 마음에도 쉼표가 생겼다.

그렇게 '천천히'를 강조하면서도 어린이집 보내는 시기는 '빨리'다. 둘째는 돌만 지나도 바로 보내는 지인들이 많다. 나 역시 그러고 싶었지만 사정상 18개월부터 보내기 시작했다. 물론 아이를 보내며 안쓰러움이 없는 것은 아니지만 이제는 안다. 그 안쓰러운 마음은 한순간뿐이라는 것을. "어차피 집에 있어봤자 서로의 정신 건강에 안 좋아. 아이도 거기 가서 노는 게 훨씬 유익해."라고 합리화하며.

육아 8년 차에 알게 된
육아의 현실

'육아는 실전'이다. 상상 속 육아와 현실 속 육아는 달라도 너무 다르다. 상상은 말 그대로 '상상'일 뿐이었다. 내가 생각했던 육아는 이런 게 아니었다.

첫째를 임신했을 때 나는 육아에 대한 환상을 갖고 있었다. 아이와 함께 행복한 시간을 보낼 거라는, 늘 꽃길 같은 미래만 생각했다. 당시 내가 생각했던 육아는 지금 내가 현실에서 하고 있는 육아와 전혀 다르다. 상상 속 육아와 현실 속 육아, 무엇이 어떻게 다를까. 아이를 낳아 키워본 사람이 아니면 모르는 육아의 현실 9가지를 꼽아보았다.

출산보다 무서운 산후우울증과 육아우울증

출산보다 더 무서운 건 산후우울증이었다. 출산은 끝날 것
이라는 희망이라도 있지만 산후우울증은 끝도 보이지 않았다.
아이와 하루 종일 집에 둘만 있어야 하니 내 삶이 너무 우울
해졌다. 남편의 퇴근만 목 빠지게 기다리고 거기에 자꾸 집착
하게 되는 나도 싫었다. 풍만해졌지만 예쁘지 않은 가슴에선
모유가 뚝뚝 떨어지고, 수시로 젖을 찾는 아이에게 젖을 물리
며 젖소가 된 기분이 이런 거구나 싶었다. 잠도 못 자고, 제대
로 먹지도 못하는 스트레스까지 겹쳐 새벽녘에 안 자고 칭얼
대는 아이를 침대에라도 집어던지고 싶다는 생각도 한 적이 있
다. 두 아이를 키우고 있는 요즘은 육아우울증이 종종 나를 집
어삼킨다.

낳는다고 저절로 크는 게 아니구나

나는 내가 스스로 컸다고 생각했다. 그래서 내 아이도 낳기
만 하면 스스로 클 것이라 생각했다. 그런데 안타깝게도 낳기
만 한다고 되는 것은 아무것도 없었다. 내가 이렇게 어른으로
성장할 수 있었던 것은 늘 나를 지켜주고 보살펴준 부모님의
노력이 있었기 때문이라는 것을 아이를 낳은 후에야 비로소
깨달았다.

남편이 많이 도와줄 것 같지만 그건 비현실적인 기대다

결혼 전에 정혜영·션 부부의 이야기를 많이 들었다. 나도 그들처럼 결혼을 하고 아이를 낳으면 남편이 엄청 많이 도와줄 거라고 생각했다. 그런데 현실은… 남편은 평일에 얼굴 보기도 힘들다. 주말에도 남편은 피곤해하는 날이 많다. 자연스레 육아와 가사의 상당 부분이 나에게 맡겨진다. 그렇다고 서로를 원망할 수도 없는 상황이라는 것을 너무도 잘 알고 있다. 모두가 정혜영·션 부부처럼 살 것 같지만 비현실적인 이야기다. 그건 그들의 이야기일 뿐이다.

내 아이가 천재 같지만 '거기서 거기'

부모라면 아이가 말을 조금 일찍 한다고, 또 빨리 걷기 시작한다고, 혹은 그 외의 여러 상황에 따라 '혹시 우리 아이 천재 아니야?'라는 생각을 해본 적이 있을 것이다. 고작 누구나 다 하는 옹알이에도 "벌써 엄마(혹은 아빠)라고 했잖아!"라며 호들갑 떨었던 기억이 난다. 그런데 말을 일찍 하거나 숫자를 빨리 센다고 똑똑한 것은 아니었다. 일찍 걷는다고 운동을 잘하는 것도 아니었다. 물론 그중엔 정말 뛰어난 아이도 있겠지만 대부분은 거기서 거기다.

둘째가 딸이어도 첫째가 아들이면 아들

둘째를 귀한 딸로 키워야겠다고 다짐했지만 딸아이는 아들보다 더 아들 같다. 노는 것도, 하는 말도 모든 것이 첫째를 쏙 빼닮았다. 둘째는 첫째의 성향을 많이 따라간다고 한다. 늘 같이 노는 사람이 오빠이니 그럴 수밖에 없다는 것을 알면서도 가슴 한 켠이 쓰린 것은 왜일까. 누가 딸아이를 보며 "누구 닮았나?" 하고 물으면 나는 이렇게 대답한다. "지 오빠 닮았지!"

때로는 내 자식이 아닌 부모님의 자식 같다

분명 내 배 아파 낳은 자식이지만 부모님의 자식인 듯싶은 순간들이 있다. 아이를 키우다 보면 나의 의견보다는 부모님의 의견이 더 중요할 때도 있고, 부모님이 나보다 아이에 대해 더 잘 아시는 듯 결정할 때도 있다. 물론 부모님은 이미 아이를 키워본 '조상맘'으로서 배울 것이 많은 건 사실이다. 하지만 내 아이 육아를 내 마음대로 할 수 없을 때는 이 아이가 내 아이인가 부모님의 아이인가 싶다.

좋은 걸 다 사주고 싶지만 얻는 것도 복이다

아이를 낳기만 하면 할리우드 배우의 2세처럼 멋지고 예쁘게 꾸며주고 싶었다. 그런데 아이들 옷이며 신발이며 비싸도 너무 비싸다. 사주고 싶은 마음은 굴뚝같지만 전부 사줄 수 없는 이 부모의 마음을 아이들은 알까. 첫째 때는 처음이어서인지 누군가에게 얻어 입히기가 불편했는데 둘째 때는 어떻게 해서든지 하나라도 더 얻으려고 혈안이 되어 있다. 좋은 물건을 많이 얻는 것도 정말 복이다. 둘째는 다행히 자기 복을 스스로 타고났다.

홈드레스에 우아한 엄마를 꿈꾸었지만…

홈드레스를 차려 입고 곱게 화장한 얼굴에 다정하고 온화한 목소리로 이야기하는 우아한 엄마가 되고 싶었다. 그런데 현실에서 나는 무릎 튀어나온 헐렁한 추리닝 바지에 목이 다 늘어난 티셔츠 하나를 걸쳐 입고 소리만 질러대는 버럭엄마다. 기본적으로 화가 장착되어 있다. 홈드레스? 화장? 마음 편히 화장실 가서 볼일 볼 시간도 없는데 무슨 홈드레스와 화장이란 말인가.

남의 자식은 다 예뻐 보인다

미안한 이야기지만 때로는 내 아이들이 웬수 같다. 그런데 웃긴 것은 내 자식 키우는 건 이렇게 힘들다고 하면서 남의 자식은 다 예뻐 보이는 것이다. 심지어 바닥을 구르며 떼쓰는 모습을 보면서도 '엄마 미소'를 짓게 된다. 내가 이렇게 이중적인 얼굴을 가진 엄마였단 말인가, 하는 좌절도 수차례. "내 아이를 옆집 아이 보듯 하라."라는 한 전문가의 조언이 생각난다.

상상 속 육아와 현실 속 육아는 이렇게 많이 다르다. 그럼에도 공통적인 것은 아이는 사랑스럽다는 것! 늘 그렇지만은 않다는 게 문제지만….

내 가슴을 후벼 판 노래
⟨어른들은 몰라요⟩

동요는 가벼운 노래라고만 생각했다. 멜로디가 쉽고 따라 부르기 어렵지 않은, 아이를 위한 노래라고. 그런데 동요의 가사를 잘 들어보면 어른인 내게도 큰 울림을 줄 때가 있다. 마치 부모에게 메시지를 주려는 듯이.

어느 주말 오후, 언제나처럼 아이에게 TV를 틀어주고 집안일에 한창이었다. 그날 틀어준 프로그램은 ⟨뽀로로와 함께 노래해요⟩였다. 집안일을 하며 왔다 갔다 하는데 ⟨어른들은 몰라요⟩가 흘러나왔다. 그 노래를 듣는 순간, 가사 때문에 가슴이 미어졌다. (불과 몇 년 전까지만 해도 다음과 같은 가사였는데 지금은 다소 바뀌었다.)

장난감만 사주면 그만인가요, 예쁜 옷만 입혀주면 그만인가요,
귀찮다고 야단치면 그만인가요, 바쁘다고 돌아서면 그만인가요,
함께 있고 싶어서 그러는 건데

아, 이 노래가 이렇게 슬픈 노래였던가. 분명 신나는 리듬인
데 가사를 곱씹으며 들으니 정말 가슴 아픈 노래였다. 노래를
들으며 스스로를 돌아보니 내 모습이 꼭 그랬다. 아이가 같이
놀자고 하면 바쁘다거나 피곤하다며 귀찮아한 적이 한두 번이
아니다. 집안일을 하고 있는데 아이가 다가와 매달리면 짜증
내는 일도 다반사였다. 그럴 때마다 아이는 얼마나 외로웠을까
생각하니 가슴이 찢어지는 듯했다. 보란 듯이 좋은 옷, 비싼 옷
사 입히는 건 그저 내 만족일 뿐이었다.

하지만 나에게도 핑곗거리는 있다. 하루 종일 아이와 놀고
있을 수만은 없다. 청소며 설거지며 빨래까지 해야 할 일이 태
산 같으니까. 그 많은 집안일을 다 뒤로한 채 같이 놀자는 아이
의 요구만 들어줄 수는 없는 노릇 아닌가.

그래도 이제 이 동요의 가사를 되새기며 다시금 마음을 다
잡아보기로 한다. 아이와 좀 더 많은 시간을 함께하자고. 집안
일은 아이가 자는 틈에 좀 더 부지런히 해보자고.

최근에는 〈넌 할 수 있어라고 말해주세요〉, 〈다섯 가지 예쁜 말〉이라는 동요가 그렇게 내 가슴을 아프게 한다.

'넌 할 수 있어'라고 말해주세요
그럼 우리는 무엇이든 할 수 있지요
짜증 나고 힘든 일도 신나게 할 수 있는
꿈이 크고 마음이 자라는 따뜻한 말 '넌 할 수 있어'

평소 내가 아이에게 자주 하는 말을 떠올려보았다. "너 자꾸 엄마 말 안 들을 거야?", "넌 대체 뭐가 되려고 이러니!" 부끄럽지만 아이를 혼내거나 비하하는 말을 많이 하고 있었다. 아이가 꿈을 꾸고 뭐든 할 수 있다는 자신감을 준다는 "넌 할 수 있어."라는 말을 해본 게 언제인지···. 앞으로는 부정적인 말보다는 아이에게 용기를 줄 수 있는 예쁜 말을 많이 해야겠다고 다짐해본다.

◌。 그런데 어쩌나. 작심삼일, 아니, 작심 세 시간···. 좋은 엄마가 되는 길은 참 멀고도 험하다.

잠든 아이들을 향한
나의 고백

아이를 키우는 엄마라면 '낮버밤반'이라는 말을 잘 알 것이다. '낮에 버럭 하고 밤에 반성한다.'라는 뜻의 줄임말인데, 그렇게 반성을 해놓고도 왜 다음 날이 되면 아무 일도 없었던 것처럼 다시 버럭 화를 내게 되는지 모르겠다. 이 글은 어느 날 밤, 잠든 아이들을 쓰다듬으며 내가 했던 반성들이다.

오늘도 어제처럼 화내고 소리 질러서 미안해. 그런데도 돌아서면 다 잊은 것처럼 다시 엄마한테 달려와줘서 고마워.
귀찮다고 저리 가라며 밀어내서 미안해. 그런데도 늘 엄마 곁에 다가와 방긋방긋 미소 지어줘서 고마워.

화가 날 때 쏟아져 나오는 막말로 네 마음에 상처를 줘서 미안해. 그런데도 먼저 말 걸어주고 품에 안겨줘서 고마워.

밥하기 귀찮다고 매번 한두 가지 반찬만 줘서 미안해. 그런데도 맛있게 먹으며 "최고!"라고 엄지손가락을 들어 올려줘서 고마워.

마트에서 이것저것 사달라는 너에게 안 된다고만 해서 미안해. 그런데도 엄마 손의 무거운 짐을 낑낑대며 들어줘서 고마워.

엄마가 힘든 일에 지쳐서 괜스레 짜증 내고 화내서 미안해. 그런데도 엄마가 눈물 흘릴 때 꼬옥 안아줘서 고마워.

같이 놀자고 하는 너에게 "엄마 바쁘니까 저리 가서 놀아."라고 해서 미안해. 그런데도 다시 쪼르르 다가와 종알종알 속삭여줘서 고마워.

"엄마 혼자 있을 테니까 들어오지 마."라고 방문 닫고 들어가서 미안해. 그런데도 "엄마 이제 괜찮아요?"라고 관심 가져줘서 고마워.

바쁘다는 핑계로 공부 제대로 못 봐줘서 미안해. 그런데도 스스로 한글도 수학도 잘 깨치고 있어줘서 고마워.

밤에 빨리 자지 않는다며 재촉해서 미안해. 그런데도 같이 누워 눈 맞추고 찡긋 눈 인사해줘서 고마워.

자고 일어나 엄마를 보며 씽긋 미소 지어줘서 고마워. 외롭고 힘들다고 느낄 때 "엄마, 제가 있잖아요."라고 말해줘서 고마워. 엄마가 "미안해."라고 하면 "괜찮아요, 엄마."라고 해줘서 고마워. 잘 되지도 않는 발음으로 "사랑해요."라고 말해줘서 고마워.

요즘은 너희에게 모든 것이 미안하기만 한데 늘 엄마를 바라봐주고 기다려주고 사랑해줘서 고마워. 사랑해.

아이에 대한 반성과 후회와 새로운 다짐은 왜 꼭 잠든 아이를 보면서 하게 되는 걸까? 내일은 부디 그 반성과 후회와 다짐을 아이들과 함께 있을 때 하게 되면 좋겠다.

돌아보면 모든 순간이
감동이었다

아무리 육아가 힘들고 지치더라도 문득 천천히 크면 좋겠다는 생각을 할 때가 있다. 오랜만에 아이들의 사진을 보며 그런 마음이 들었다. 첫째가 8살, 둘째가 5살인 지금에야 돌아보니 아이들과 함께였던 모든 순간이 감동이었다.

아이들 사진을 정리하느라 정말 오랜만에 사진첩을 열었다. 사진 한 장 한 장마다 우리의 추억이 가득했다. 아이가 밝게 웃고 있는 사진, 울고 있는 사진, 말썽 부리고 있는 사진들에 우리의, 우리 가족의 지난 시간이 고스란히 담겨 있었다. 잊고 있던 그날의 기억들이 떠올랐다. 사진을 넘겨 보며 혼자 웃기도 하고, 또 주책맞게 혼자 울기도 했다.

'소중한 우리 아이들. 이런 시절이 있었지. 언제 이렇게 많이 컸을까.'

아기 티가 많이 나고, 아기 분 냄새가 나는 듯한 사진 속 아이를 바라보며 나는 저때가 그립다는 생각도 했다. 늘 '빨리 커라. 빨리 커서 알아서들 좀 해라.'라며 속사포 랩처럼 읊조리던 내가 말이다.

걷지도 못하던 아이에게 처음 신발을 사 신겼던 날, 마주 보고 주고받던 옹알이 대화, 처음으로 내 손가락을 꽉 쥐던 아이의 손, 아이에게 첫니가 나던 순간, 서랍을 열어 내용물을 파헤치며 사고 치던 아이, 냉장고가 산이라도 되는 것처럼 타고 오르던 그날, 아이의 첫 번째 생일잔치, 아이가 갖고 놀다 부러뜨린 내 안경, 아이와의 첫 단풍놀이, 실제 차라면 아빠 차보다 훨씬 비쌌을 아이의 첫 차, 첫째가 둘째를 처음 안아보던 순간, 티 없이 해맑았던 아이들의 웃음소리, 동생을 토닥이는 첫째의 작은 손과 그런 오빠를 바라보는 둘째의 눈빛, 세상 떠나갈 듯 울어대는 둘째와 그 옆에 첫째가 가져다놓은 장난감, 하필이면 흑임자 이유식을 얼굴에 양보한 둘째, 혼자 분유병 잡고 먹는 아이, 첫째가 처음으로 사람 형태로 그린 그림…. 사진들을 보며 나는 어느새 그 시절로 돌아간 것 같았다.

두 아이의 독박육아는 말로 이루 다 설명할 수 없을 정도로, 누군가의 이해를 바라기도 힘들 정도로, 미칠 듯이 힘들었다. 아니, 과거형이 아닌 현재진행형이다. "애들이 좀 더 크면 괜찮아져. 지금 애들 나이가 제일 힘들 때야."라는 선배 엄마의 조언에 "그게 대체 언젠데요? 지금 내가 죽을 것 같은데 그런 날이 있긴 할까요?"라고 반문하던 내가 사진들을 넘겨 보며, 지난날을 떠올리며 그때가 그립다는 생각을 한다.

결혼을 해서 두 사람이 되고, 첫째를 낳으니 세 사람이 되고, 또 둘째를 낳으니 네 사람이 되고. 그 핏덩이 같은 아이들이 어느덧 훌쩍 커서 아기 티를 벗은 지 오래다. 그 순간엔 그렇게 죽을 것 같더니 시간은 참 빨리도 흘렀다. 돌아보니 모든 순간이 소중하고 행복했다는 것을 알게 된다. 즐거웠던 순간은 즐거운 대로, 화가 났던 순간은 화가 난 대로, 또 슬펐던 순간은 슬픈 대로 모두가 저마다의 추억이다.

"날이 좋아서, 날이 좋지 않아서, 날이 적당해서 모든 날이 눈부셨다."라는 드라마 〈도깨비〉 속 대사처럼 아이와 함께한 모든 찰나가 찬란하게 빛나는 시간이었다. 미칠 듯이 힘든 오늘도 몇 년 뒤, 몇 달 뒤에 되돌아보면 모두 감동인 순간일 것이다. 그 힘으로 오늘을 살고, 또 내일을 살 것이다.

육아로 지치고 힘들 때면 아이들의 사진첩을 열어봐야겠다.

"있을 때 잘 해~ 후회하지 말고~"라는 성인가요의 가사를 참 좋아한다. 종종 남편 앞에서 이 노래를 부르며 있을 때 잘 하라고 강조하곤 하는데 노래의 가사를 되새겨야 할 사람은 바로 나다. 아이들이 내 곁에 있을 때 잘 하자. 비록 지금은 힘들더라도, 나중에 후회하지 않도록.

아이가 화내는 모습이
나를 닮았다

'아이는 부모의 거울'이라고 한다. 부모의 언행이 아이에게 학습되어 그대로 나타난다는 의미인데, 화내는 모습까지 나와 비슷한 아이를 보면서 좌절하고 또 반성한다.

아이가 화내는 모습에서 내 모습이 보인다. 첫째가 5살 때의 일이다. 당시는 첫째의 떼와 고집이 부쩍 늘고 자기주장도 강해진 때였다. 자신의 요구가 받아들여지지 않으면 화를 내기도 하고 소리를 지르기도 했다. 발을 쿵쾅대며 감정을 분출시킬 때도 있었다. 가끔 떼를 쓰며 엄마를 상대로 폭력적인 행동을 하기도 해 당황한 적도 여러 번. 정도가 지나치다 싶으면 나는 격하게 반응하곤 했다. 혼을 내거나 똑같이 소리를 지르거나.

한번은 첫째가 집에서 동생과 놀다 뭐가 맘에 안 들었는지 갑자기 화를 내는 것이었다. 왜 그런지 물어도 소용없었다. 아이는 소리를 지르고는 방으로 들어가버렸다. 베개에 얼굴을 묻고 울기도 했다. 이따금 동생을 향해 소리치기도 했다. "나 이제 네 오빠 안 할 거야!" 그렇게 한참을 혼자 화를 내곤 또 언제 그랬냐는 듯 동생과 웃으며 놀았다. 그 모습을 보고 있자니 마음이 불편했다.

　첫째가 화내는 모습은 나를 참 많이 닮아 있었다. 내가 꼭 그랬다. 아이들이 계속 말을 안 듣고 말썽을 부리면 화를 냈다. 그 화가 쌓이면 방에 들어가 베개에 얼굴을 파묻고 소리를 지르거나 울기도 했다. 더 많이 화가 나면 "네 맘대로 해! 난 이제 네 엄마 안 할 거야!"라며 절대 해서는 안 될 모진 말까지 쏟아낼 때도 있었다. 꼭 뒤돌아 후회할 거면서.

　화내고 소리 지르는 첫째를 타일러야 하지만 차마 그럴 수가 없었다. 꼭 내 모습 같았기 때문에. 나를 따라 하는 아이의 모습을 보니 나의 그런 모습이 아이에게 어떻게 비쳤을지 고민하게 되었다.

　엄마는 아이가 어떤 감정을 느낄 때 그 감정을 어떻게 표현하고 해결해야 하는지 방법을 제시해줘야 한다. 엄마가 화가 날 때 보인 행동은 아이에게 무섭게 느껴졌을 것이다. 또 화가 나면 당연히 그러는 거라고 생각했을 것이다. 나를 많이 닮아 있는 아이를 통해 내 행동이 얼마나 나빴는지를 새삼 느낄 수 있었다. 어쩌면 그동안 알면서도 부인하려고 했는지도 모른다. 나는 나쁜 엄마가 아니라고.

내가 아이에게 바라는 행동을 말로 가르치려 해도 소용없다. 백 마디 말보다 한 번 보고 느끼는 게 더 중요하다. 부모가 늘 모범적인 모습을 보여주면 아이는 자연스럽게 그 모습을 따라 하게 된다.

어릴 적에 내가 무슨 일인가로 혼날 때 엄마한테 이런 말을 했던 기억이 난다. "엄마도 그러면서 왜 나만 혼내?" 만일 그때 첫째가 말을 좀 더 잘할 수 있었다면 나에게 똑같은 말을 했을지도 모른다. "엄마도 그러잖아."라고. 아이는 그저 엄마를 따라 했을 뿐인데 혼이 나려니 얼마나 억울하고 속이 상했을까. 아이는 부모의 거울이라고 하는 그 말의 의미를 부모가 되어보니 알 것 같다.

그때 그렇게 반성을 했는데 요즘도 나는 자주 그런 모습을 보인다. 그리고 또 반성한다. 이제 반성은 그만! 원인을 알았으니 그 원인을 제거해야 할 차례다. 이제 엄마인 나도, 아이도 한 단계씩 성장할 것이다.

또 내 어릴 적 이야기를 하나 해보자면, 엄마와 말다툼이 있을 때 "어른이라고 다 옳은 거 아니야. 아이한테도 배울 게 있어."라는 되바라진 말을 한 적이 있다. 종종 그 말을 기억에서 꺼내봐야겠다.

독박육아가 아이에게
미치는 영향

남편의 도움 없이 아이를 키우는 것, 독박육아는 나 혼자만 힘든 일이라고 생각했던 때가 있다. 남편은 물론이고 아이들조차 나를 도와주지 않는다며 분노했다. 그런데 이제는 안다. 독박육아는 나만 힘든 게 아니라는 것을. 남편도, 아이도 나름대로 힘들다는 것을.

독박육아 8년 차. 나는 여전히 독박육아 스트레스를 해소하지 못해 툭하면 화내고 소리 지르고 아이들을 '쥐 잡듯' 잡는 못나고 부족한 엄마다. 때로는 '짐승'과 다를 바 없다. 독박육아는 주양육자인 나뿐만 아니라 남편과 아이들에게도 좋지 않은 영향을 준다.

아이들은 늘 아빠가 그립다. 남편은 아이들이 자고 있을 때 나가서 자고 있을 때 들어온다. 평일에 아이들이 아빠를 볼 일은 거의 없다. 가끔 아빠가 늦잠을 자서 출근이 늦어지는 날 빼고는. 아이들은 아침에 일어나면 "아빠는? 아빠 벌써 회사 갔어?"라고 묻는다. 밤에 잠자리에 들기 전에는 "아빠 언제 와?"라며 아빠를 찾는다. 밤에 잘 준비를 하며 영상통화를 하기도 하지만 아빠의 체온을 느낄 수 없는 아이들은 늘 아빠가 보고 싶다.

아이들은 주말만을 기다리며 "토요일엔 아빠랑 놀이터 가서 놀아야지."라며 아빠와 놀 생각에 신이 난다. 그런데 안타깝게도 아빠는 쉬는 날에는 쉬고 싶어 한다. 늦잠도 자고 싶고 TV를 틀어놓고 누워서 가만히 있고 싶기도 하다. 아이들이 같이 놀자고 올라타고 귀찮게 하면 남편은 마지못해 조금 놀아주지만 이내 지칠 때가 많다.

이렇게 아빠와 함께하는 시간이 적은 아이들에게 아빠는 다소 불편한 상대일 수도 있다. 아빠는 아이들의 평소 버릇이나 식습관 같은 것도 잘 모르고, 친한 친구와의 일도 잘 알지 못한다. 서로 공유할 수 있는 대화 주제가 적다는 의미다. 아이들이 좋아하는 만화 프로그램이나 장난감도 아빠에겐 생소하다. 더욱이 잠자리에 들 때도 늘 함께인 엄마가 아닌 아빠의 품은 어색하다. 그런 아이들을 보는 남편의 마음도 좋을 리 없다. 가족을 위해 열심히 일하고 있는데 혼자 소외된 듯한 기분을 지울 수 없을 것이다.

독박육아에서 가장 큰 문제는 '나'다. 독박육아가 내게 주는 스트레스로 인해 아이들에게 불똥이 튈 때가 많다. 나는 종종, 아니 자주 아이들이 예쁘지 않다는 생각이 든다. 밉다고 표현하는 게 더 맞을지도 모르겠다. '내가 왜 애를 둘이나 낳아서 이 고생을 하고 있을까. 역시 혼자 살아야 했어.'라며 혼자 한탄하기도 한다. 이런 스트레스가 계속 쌓여 나는 언제 터질지 모르는 시한폭탄이 된다.

상황이 이렇다 보니 나는 아이들의 작은 잘못에도 나라 팔아먹은 죄인 대하듯 불같이 화를 내고 소리를 질러댄다. 그렇게 해서라도 내 안의 화를 풀어야겠다는 마음이 있는 것도 같다. 아이들은 내게 가장 만만한 상대이기 때문에.

하루도 화를 내지 않고 보내는 날이 없다. 아이들과 기분 좋게 시간을 보내다가도 갑자기 한두 번씩 불같이 화를 내고 또 아이들에게 미안해 반성했다가도 다시 화내기를 반복한다. 아이들은 아무것도 모르고 평소같이 놀다가 갑자기 불호령이 떨어져 당황스러울 것이다. 그런 내 눈치를 보고 있는 아이들을 보면 내가 또 무슨 짓을 한 건가 싶다. 내가 그렇게 생각하기 때문인지 아이들이 주눅 들어 보일 때도 있다.

하루는 둘째의 어린이집 알림장에 쓰여 있는 글이 내 가슴을 미어지게 했다. 아이가 "엄마는 왜 맨날 화만 내요?"라고 물었다는 것이다. 아이들이 내 말을 잘 듣지 않는다는 이유도 있지만 어떤 아이든 말 안 듣기는 마찬가지다. 그렇다면 이유는 단순하다. 엄마가 화가 많아서.

결국 독박육아는 주양육자에게도, 그 배우자에게도, 아이들에게도 안 좋은 영향을 미친다. 그렇다고 누구를 원망하거나 책임을 떠넘길 수는 없다. 그저 서로가 서로의 상황에서 최선을 다할 수밖에. 어른인 우리 부부가 서로의 노고를 인정하고 힘든 마음에 공감해주며 스트레스를 풀어주려고 노력하는 것 외에는 할 수 있는 것이 없다.

지금 육아에서 가장 중요한 역할을 해야 할 사람은 주양육자인 나다. 나 스스로 감정을 조절하고 스트레스를 아이들에게 풀지 않아야 한다. 아이들에게서 내 스트레스의 원인을 찾지 말아야 한다. 이론은 이렇게 잘 아는데 왜 실천은 되지 않을까.

오늘 아침에도 나는 아이들에게 크게 화를 냈다. 바쁜 등원 시간에 빨리 빨리 움직이지 않고 꾸물거린다는 것이 그 이유였다. 웃지 않는 얼굴로 등원한 둘째의 모습을 떠올리니 가슴이 쓰리다. 오늘 하원 후에는 어떤 날보다 더 따뜻하게 안아줘야겠다.

남편, 남편님 혹은
남편놈

남편 머리의
땜빵 4개

남편은 사업을 한다. 사업 초기 남편 머리에 생긴 4개의 '땜빵' 을 나는 아직도 잊지 못한다. 그리고 그 땜빵이 다시 모습을 드러낼 때면 남편이 그렇게 안쓰러울 수가 없다.

　남편은 나와 연애할 때 사업을 시작했으니 올해로 10년째다. 학교 동기들에게 내 결혼 소식을 알릴 때, 결혼할 사람이 사업 을 한다고 하니 그들은 '사모님'이라고 부르며 나를 추켜세웠 다. 그 말이 기분 좋으면서도 왠지 불편했다.

　남편은 사업을 하기 위해 회사를 다녔다고 했다. 원하는 분 야의 사업을 하기 위해 대학 시절 아르바이트로 밑바닥부터 시작해 10여 년간 준비했다. 직장 생활을 할 때는 성과를 높이 평가받아 진급도 빨랐다.

그랬던 그가 사업을 시작하고 어느 날부턴가 머리카락이 빠지기 시작했다. 처음엔 500원짜리만 한 땜빵 하나가 생기더니 2개가 되고, 3개가 되고, 4개가 되었다. 급기야는 그 땜빵들의 크기가 커지면서 커다란 하나의 덩어리가 되었다. 남편은 유전적으로 탈모가 있을 사람은 아니다. 원인은 스트레스였다.

TV나 영화에서 화려하게만 보이던 사업가는 사실 더 많은 시간을 일하고, 더 깊이 고민하며, 자신의 시간을 즐길 여유 따위는 없는 사람이었다. 적어도 당시의 내 남편은 그랬다. 지금도 크게 달라진 것은 없다. 그때보다 조금은 여유가 생겼다는 것뿐.

내 남편은 오전에 출근했다가 그날 퇴근해 들어오는 법이 없다. 평균 귀가 시간은 새벽 3시. 사무를 보다 오는 날도 있고, 술을 마시고 오는 날도 있다. 제안서를 써야 할 때는 며칠씩 밤을 새운다. 거래처 사람들과의 관계를 위해 잘 마시지도 못하는 술을 잔뜩 마시고 정신 못 차리며 들어오는 날도 많다.

이게 바로, 내가 독박육아를 하면서도 남편에게 화를 낼 수 없는 이유다. 또한 늦게 들어오는 남편에게 잔소리할 수 없는 이유이며, 몇 시가 되었든 귀가할 때까지 기다리는 이유다. 남편은 나와 아이들을 위해 매일매일 1분 1초를 치열하게 살고 있다. 때로는 자존심 다 숙이고 납작 엎드리기도 하면서.

남편의 노고에 감사하는 마음으로 한 번씩 남편에게 '상'을 내릴 때가 있다. 남편이 좋아하는 낚시를 보내주는 것이다. '고작 낚시가 상이야?'라고 생각할지 모르겠지만, 그 낚시를 주말에 1박 2일로 간다는 게 중요하다. 평일에도 혼자 아이들을 돌보는데, 아이들이 하루 종일 집에 있는 주말까지 독박이라는 의미다. '주말 독박'을 감수하면서도 남편을 위해 낚시를 보내준다. 가서 머리 좀 식히고 오라고. 세상에 이런 와이프 없다고 허세를 떨면서.

가사와 육아, 결코 쉽지 않은 일이다. 그래서 많은 엄마들이 가끔 남편을 원망하기도 하고, 잦은 야근과 회식에 화가 나기도 한다. 하지만 야근과 회식도 모두 업무이며, 남편 역시 때로는 원치 않는 회식 자리에 나가야 한다. 그래도 절대 "쥐꼬리만 한 월급으로 어떻게 살아!"라는 말을 해서는 안 된다. 그 쥐꼬리만 한 월급을 벌기 위해 남편은 죽어라 일하고 있으니까. 자기 혼자만 생각한다면 그렇게까지 일하지 않을 것이다. 아내와 아이, 우리 가족을 생각하기에 가능한 일이다.

그러니 남편의 노고를 폄하하기 전에 "수고했어."라는 따뜻

한 말을 건네려 한다. 그 말 한마디로도 남편은 더 힘내서 일
할 수 있을 테니까.

이렇게 남편을 이해하려는 나지만 나 역시 사람인지라 한 번씩 욱할 때
가 있다. 가사도, 육아도 나 혼자 하다시피 하니 힘들어 죽겠는데, 세상
사람 다 내가 힘든 걸 아는데 남편만 모르는 것 같아 화가 나기도 한다.
그러지 말아야지 하면서도 내 감정이 폭발하듯 올라와 남편의 마음을
처참하게 찢어갈길 때가 있다.

비수가 된
남편의 말

한동안 남편과 마찰이 잦았다. 대화 방식이 문제였다. 우리는 서로 자기 입장에서만 대화를 할 때가 더러 있다. 대화라기보다는 자기주장이라고 하는 게 더 맞을지 모르겠다. 평소 같으면 대수롭지 않은 이 자기주장으로 인해, 큰 싸움이 벌어지는 경우도 있다.

나는 당시 극심한 우울감을 앓고 있었다. 가만히 있다가도 기분이 바닥 깊은 곳으로 곤두박질치고 갑자기 눈물이 쏟아지기도 했다. 쉽게 짜증을 내고 분노를 참지 못했다. 병원에 가봐야 하나 싶을 정도로 중증이었다.

하루는 남편에게 "나 우울해."라고 말했다. 그런데 돌아온 대답은 "네가 뭐가 우울한데? 가지가지 한다."였다. '육아빠'로 유명한 정우열 정신과 전문의가 남편이 해서는 안 되는 말 중 하나로 꼽은 바로 그 말, "네가 뭐가 우울한데?"를 내가 듣게 될 줄이야. 안 그래도 우울해 미칠 지경이었는데 남편의 그 말이 내 가슴에 대못질을 했다. 상황이 이렇다 보니 나는 나도 모르는 사이에 마음의 문을 조금씩 닫게 되었다.

며칠이 지난 주말 저녁, 남편이 물었다. 왜 우울하냐고. 나는 마땅한 답을 찾지 못했다. 단 하루도 부모님의 도움 없이 혼자 아이 둘을 돌본 적이 없는 남편은 내가 육아로 스트레스를 받고 가슴이 찢기는 듯 힘들다는 것을 이해할 수 없을 테니까. 예전에 남편이 내게 논리적이지 않다고 했던 말도 떠올랐다. 힘들어 죽겠는데, 우울해 죽겠는데 무슨 논리가 있단 말인가. '내가 또 힘들다는 말을 해봤자 남편은 떼쓰는 애 보듯 하겠지.' 하는 생각에 말문을 닫을 수밖에 없었다. 내 입에서 나온 대답은 고작 "그냥 그럴 때가 있어."였다. 사실 그게 이유이기도 했다.

그렇게 내 마음속 고름은 톡 건드리기만 해도 터질 것처럼 곪아 부풀어 올랐고, 우리 사이에는 보이지 않는 벽이 생겼다.

그러던 어느 날, 어떤 기사를 보았다. 이혼하는 부부의 대부분이 '성격 차이'를 이유로 제시하지만 사실 '대화 방식의 차이'인 경우가 많다는 내용이었다. 실제로 서로의 좋은 점을 이야기하기보다 비난하는 방식의 대화를 하는 부부의 경우 60% 이상이 이혼을 한다고 한다. 가슴이 턱 막히는 느낌이었다. 내가 남편에게 들은 말들과 함께 내가 남편에게 했던 말들이 떠올랐기 때문이다. 때마침 내 감정에 못 이겨 남편을 비판하는 말을 쏘아붙인 터였다. 내가 그런 말을 들었을 때 기분이 나빴으면서, 내가 했던 말들이 남편의 기분을 어떻게 만들었을지는 생각지 못했다.

대화 방식의 차이는 어쩌면 별것 아닐지도 모른다. 서로의 단점을 끄집어내 지적하기 전에 장점을 찾아 칭찬하고, 서로의 문제를 비판하기 전에 왜 그렇게 하는지 헤아리고, 내가 얼마나 힘든지 생각하기 전에 상대가 힘들다는 것도 생각한다면.

남편의 말이 극심한 육아우울증을 앓고 있던 내게 비수같이 꽂혔지만, 그래서 말도 섞고 싶지 않았지만, 화해의 손을 내밀었다. '앞으로는 낭신을 한 번 더 이해하려고 노력한 후에 말을 꺼내겠다'는 다짐을 담고, '당신도 나와 같은 마음이면 좋겠다'는 바람을 더해서. 이기주 작가가 『언어의 온도』에서 이야기하는 것처럼 내 말의 온도가 따뜻하면 좋겠다.

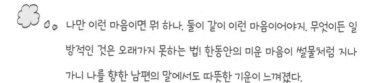 나만 이런 마음이면 뭐 하나. 둘이 같이 이런 마음이어야지. 무엇이든 일 방적인 것은 오래가지 못하는 법! 한동안의 미운 마음이 썰물처럼 지나가니 나를 향한 남편의 말에서도 따뜻한 기운이 느껴졌다.

딸을 편애할 수밖에 없는
아빠라는 존재

보통의 아빠가 딸을 생각하는 마음은 특별하다. 자신의 딸을
각별히 아끼는 아버지를 가리켜 '딸바보'라고 부르기도 한다.

남편에게는 절친한 선배 A씨가 있다. 가족끼리도 자주 만나
는 사이다. 그 집에는 첫째보다 1살 적은 딸아이가 있는데, 딸
을 향한 A씨의 사랑이 대단해 '딸바보'의 표본이 있다면 A씨가
아닐까 싶을 정도다.

A씨는 딸아이가 어릴 적 낮잠 자는 모습이 너무도 예뻐 옆
에서 계속 바라보며 아내에게 "어쩜 자는 모습도 이리 예쁠까."
하며 감탄했고, 아내는 "어지간히 좀 해."라며 핀잔을 쳤다고
한다.

A씨는 아이가 커서 수학여행을 가거나 MT를 갈 때 몰래 따라가 옆방에 묵을 것이라고도 하고, 나중에 결혼을 시키면 명절에 사위에게 전 부치기를 시킬 것이라고도 했다. '내 딸'만 고생시킬 수 없다며. 또 딸을 결혼시킬 생각에 화가 나고 안타까워 자다가도 벌떡 일어난다고 말했다.

내가 둘째를 임신했을 때 A씨와 A씨의 아내는 내 남편에게 "딸 낳으면 이렇게 될 걸."이라고 예언 아닌 예언을 했다. 그리고 예언 적중! A씨만큼은 아니지만 남편이 딸을 편애하는 것이 눈에 딱 보일 때가 있다. 본인은 아니라고 하지만 나나 남편을 잘 아는 지인들은 하나같이 "둘째 보는 눈에서 꿀이 떨어지네."라며 놀린다. 남편도 A씨처럼 딸아이가 크면 MT를 따라가겠다고 하고, 통금 시간을 정해놓겠다고도 한다.

엄마인 내가 볼 때 딸에 대한 각별한 마음에 종종 첫째에게 하는 것과 둘째에게 하는 행동이 달라 우려스럽기도 하다. 남편은 대체로 두 아이에게 공평한 편이지만 두 아이가 똑같이 잘못해서 혼을 낼 때면 그 차이가 명확히 드러난다. 매번 그런 건 아니지만 첫째에게는 언성을 높여 화를 내고 둘째에겐 목소리가 한 톤 낮아지는 것이다. 똑같이 화를 내도 강도가 '강'에서 '약'으로 줄어드는 느낌이다.

둘째가 첫째에 비해 아직 어리기 때문일 수도 있겠지만 딸이기 때문에 편애하는 것 같다는 생각을 지울 수가 없다. 그런 남편과 달리 나는 두 아이에게 공평하게 대하려고 노력한다. 남편이 보기에 첫째든 둘째든 똑같이 혼내고 나무라는 내가 좋게 보이지 않을지언정 한쪽만 편애하는 건 아빠 한 사람이면 충분하다고 생각한다.

TV에서 아이돌 팬들에 대한 프로그램을 본 적이 있다. 방송이며 공연이며 열심히 따라다니는 팬들에 대한 내용이었다. 남편에게 말했다. "잘 봐둬. 당신 나중에 둘째 데리고 저런 데 다녀야 해. 늦은 시간까지 애 혼자 다니게 할 순 없잖아. 저런 공연 끝나면 차 끊기니까." 남편은 당연히 그러겠다는 듯 침묵했다.

나도 내 아빠에게 그렇게 소중한 딸이었다. 지금도 마찬가지다. 남편도 알았으면 좋겠다. 내가 그런 존재라는 것을. 당신이 지금 그런 소중한 사람과 함께 살고 있다는 것을. 그러니 좀 잘 하라고!

애가 잘못하면
다 내 탓이냐?

혼자서 집안일 하고 아이들 돌보느라 힘들어 죽겠는데, 남편이 "도대체 집에서 애를 어떻게 키우는 거야!"라며 아내를 질타한 다면? 엄마 입장에서 그렇게 억울하고 허무하고 화가 나는 일이 또 있을까.

아내가 주양육자일 경우, 아이의 잘못을 놓고 남편이 아내 탓을 할 때가 있다. 아이를 어떻게 가르치길래 저러는 것이냐고 말이다. 엄마들이 아이에게 잘못된 언행을 하라고 가르친 적은 분명 없을 것이다. 다만 아이는 그저 아이일 뿐이다. 그래서 나를 포함한 대부분의 아내들이 남편들에게 바라는 것이 있다.

지적보다는 제안을 해주세요

보통의 남편들은 아내가 아이를 돌보는 방법에 대해 '지적'을 한다. "넌 왜 그러냐? 이러니까 애가 저러지."라고 하는 등 아내의 육아 방식을 비난하는 말을 많이 한다면 표현 방법을 바꾸는 게 좋겠다. 아내의 육아 방식이 옳지 않게 느껴진다면 "이렇게 하는 것도 좋지만 저렇게 해보는 건 어떨까?"라는 방식으로 제안을 하는 것이 낫다.

남편이 지적을 하면 아내는 "아이에 대해 당신이 뭘 안다고 그래?"라며 반발하게 된다. 상황에 따라서는 부부싸움으로 이어질 수도 있다. 육아에만 몰두하고 있는 아내가 남편에게 "너 잘못하고 있어."라는 말을 들을 때의 기분은 남편이 아내에게 "돈을 이거밖에 못 벌어 와?"라는 말을 들을 때와 같지 않을까.

남편과 아내의 육아 방식이 다를 수는 있다. 하지만 말 그대로 '다른' 것이지 '틀린' 것은 아니다. 더 나은 방향으로 나아가기 위해 '지적'보다는 '제안'을 해주길 바란다.

아이를 혼낼 땐 모른 척해주세요

아내가 아이를 혼낼 때 남편이 보기엔 지나치게 감정적이라는 생각이 들 수도 있다. 또 하루 종일 밖에 나가 일을 하고 돌아와 만나는 아이가 굉장히 소중한데 그 아이가 혼나고 있으면 불편하기도 할 것이다. 때로는 '나한테 화가 나서 아이한테 더 그러나?'라는 생각이 들지도 모른다. 그래서 아이 편을 들고 나선다. "그만 좀 해. 애가 뭘 안다고. 아빠한테 와~"라며 아이를 그 상황에서 탈출시킨다.

이런 상황이 반복된다면 아이는 주양육자인 엄마를 만만하게 생각할 수 있다. 어차피 아빠가 자기 편을 들어주면 엄마는 아무 힘이 없다는 것을 알아채는 것이다. 흔히 부모가 아이를 혼낼 때 옆에 있던 조부모가 끼어들어 상황을 아이 위주로 정리하면 아이가 부모를 우습게 알게 되는 것과 같은 이치다. 아이가 엄마를 만만하게 여기는 순간부터 육아는 굉장히 힘들어지고, 아이의 잘못을 통제하기도 어려워진다. 그래서 아빠의 이런 행동은 상황을 악화시킨다.

아내가 아이를 혼낼 때는 남편이 생각하지 못한 이유가 있을 수 있다. 그러니 엄마가 감정적으로 그냥 화를 내는 것 같아 보이더라도 그 상황에 개입해 아이 편을 들기보다, 아내가 왜 아이에게 화를 내는지 헤아려주길 바란다. 그리고 시간이 지난 후에 아이를 다독이며 엄마의 입장을 이야기해준다면 더없이 좋겠다.

육아는 아내 혼자만의 역할이 아니라는 것을 기억해주세요

집에만 들어오면 아무것도 안 하려는 남편들이 있다. 집안일을 나 몰라라 하는 것은 물론이고 아이와 잘 놀아주지도 않는다. 너무 힘들어서 쉬고 싶기 때문에. 상황에 따라 '가사'가 아내의 몫일 수는 있다. 하지만 '육아'는 아니다. 육아는 엄마와 아빠 모두의 역할을 필요로 한다. 서로가 자극해줄 수 있는 여러 감각들이 있기 때문이다.

남편들에게 '슈퍼맨'이 되라고 강요하려는 건 아니다. 그저 '아빠'가 되어주면 된다. 아빠 육아의 중요성을 강조하는 김영훈 박사는, 아빠들이 아이가 어릴 때는 육아에 참여하지 않다가 아이가 사춘기가 되었을 즈음엔 그렇게 참견을 하고 잔소리를 한다고 한다. 하지만 어릴 적부터 아빠와의 추억이 쌓이지 않았기 때문에 아빠가 잔소리를 해봐야 효과가 없으며 오히려 반항하게 만들 수도 있다고 이야기한다. 그래서 어릴 적부터 아빠가 육아에 적극 참여해야 한다는 것이다.

육아를 아내에게 전적으로 맡기면서 결과만을 놓고 '너 때문'이라고 평가하고 비난하기 전에 '함께'해야 한다는 것을 인식하고, 함께하지 못하는 것에 대한 미안함을 가져주길 바란다. 그렇다면 적어도 "집에서 애를 어떻게 보는 거야!"라는 말은 하지 못할 테니까.

"집에서 애를 어떻게 키우냐고? 그건 당신이 할 소리가 아니지. 언제부터 애 키우는 데 그렇게 관심을 가졌다고. 참견하고 비판하고 싶으면 적어도 참여하려는 노력이라도 좀 해보든가."라고 받아친다면 큰 싸움이 날 테니 주의하자.

그 핸드폰
부숴버릴 거야

스마트폰이 대중화되면서 삶이 편리해진 것은 사실이지만 사람들 사이에 대화가 줄어든다는 문제점은 지적받을 수밖에 없다. 급하거나 중요한 일도 없는데 손에서 스마트폰을 놓을 수가 없으니 말이다. 습관처럼 스마트폰을 들고 뉴스를 보거나 SNS를 뒤지며 시시콜콜한 이야기에 집중한다. 그러는 사이 정작 중요한 것은 놓치고 만다. 소중한 사람들과 교감하는 시간까지.

스마트폰 때문에 남편에게 서운할 때가 더러 있다. 늘 늦게 퇴근하는 남편이 어쩌다 일찍 들어오는 날이 있는데, 그런 날엔 소파에 누워 스마트폰 삼매경이다. 좋아하는 영상을 찾아 보고, 인기 있다는 콘텐츠를 모아 본다. 지인들과 메시지도 주고받고 SNS도 한다. 나는 그런 남편 옆에 자리를 잡고 앉아 이런저런 이야기를 풀어놓는데, 스마트폰에 빠진 남편이 내 말에 귀를 기울일 리가 없다. "어. 어." 영혼 없는 대답에 나도 말하는 재미를 잃는다. 대화는 서로의 이야기가 오가는 것인데, 나는 대화가 아닌 '혼자 떠들기'를 하고 있을 뿐이다.

아이들과 함께 있는 휴일이라고 상황이 다르진 않다. 아이들은 TV 보고, 남편은 스마트폰 보고. 아이들은 장난감 갖고 놀고, 남편은 스마트폰 보고. 스마트폰은 한번 보기 시작하면 아무 생각 없이 빠져들게 만드는 '바보상자' 중에서도 최고의 바보상자다. 그걸 알면서도 쉽사리 스마트폰에서 눈을 떼지 못하는 남편을 보고 있으면 점점 뚜껑이 열리려 한다.

한번은 이런 일이 있었다. 휴일 밤, 아이들이 잠든 후에 오랜만에 와인 한잔하자고 마주 앉았는데, 남편은 그 순간에도 앞에 스마트폰을 세워놓고 즐겨 보는 TV 프로그램을 보고 있는 것이었다. 같이 보자는 것도 아니고 혼자서! 나와 와인잔을 부딪히면서도 눈은 그곳에 가 있었다.

그런 남편의 모습에 처음에는 어이가 없었는데 점점 화가 나기 시작했다. 마음속에서 어떤 목소리가 내게 계속 말했다. '스마트폰을 던져버려. 스마트폰을 부숴버리겠다고 말해.' 이런 온갖 부정적인 생각으로 내 얼굴이 붉으락푸르락했다. 와인 한 잔을 비우고 나 혼자 새로운 잔을 채웠다. 그 순간에도 남편에게 나는 안중에도 없어 보였다. 와인을 마시며 함께 이야기를 하고 싶었는데 그럴 틈 같은 건 없었다. 마치 '철벽방어'라도 하고 있는 듯이.

마음을 추스르고 한마디했다. "그걸 보고 싶으면 같이 보기라도 하든가." 미처 몰랐다는 듯 남편은 허둥지둥 우리의 사이로 스마트폰을 옮겼지만 이미 술맛이 떨어진 이후였다.

아이들 옆에서 스마트폰을 만지작거릴 때 아이들의 마음도 나와 같았겠지. 그날 이후로 아이들과 있을 땐 가까운 곳에 스마트폰을 두지 않으려 하고 있다. 그 시간의 소중함을 놓치고 싶지 않아서.

아이들의 하원과 동시에 스마트폰을 안방 화장대 위에 올려놓는다. 눈에 안 띄면 만질 일도, 볼 일도 없겠지. 그리고 단체대화방의 알림을 무음으로 바꾸었다. 스마트폰을 내려놓고 처음에는 눈과 손이 허전하고 심심했다. 금단현상 같은 초조함도 느껴졌다. 내가 스마트폰을 옆에 두지 않은 사이에 무슨 급한 연락이라도 올 것 같아 불안했다. 하지만 그런 시간을 조금씩 견디고 나니 아이들과 공유할 수 있는 시간이 많아졌다. 아이들에게 화를 내거나 짜증 내는 일도 줄어들고 함께 웃을 일이 많아졌다.

잠 좀 줄이라고?
당신이나 자지 마!

나는 잠이 많은 편인데, 최근 들어 잠이 더 많아졌다. 머리만 대면 잠이 들 때도 있다. 나도 모르는 사이에 잠이 들어 깜짝깜짝 놀랄 때도 있다. 기민증이 아닐까 의심이 들 정도로.

그런 내게 남편이 "잠 좀 줄여!"라고 핀잔을 주었다. 상황은 이랬다. 휴일에 차로 이동하면서 아이들은 뒷좌석에서 자고 나는 조수석에 앉아 남편과 못 다한 이야기를 하고 있었다. 나름대로 남편 쪽으로 몸을 기울이고 대화에 집중하며 리액션도 잘 하고 있었는데 갑자기 내가 졸고 있는 것이었다. 남편은 어이없다는 듯 내게 잠을 줄이라고 했다.

갑자기 잠이 든 것은 이날만이 아니다. 친구들을 만나 점심을 먹고 카페에 가서 차를 마시며 이야기를 하고 있었다. 마주 보고 앉아 있는 친구들의 말에 귀 기울이려고 턱을 괴고 친구의 얼굴을 보고 있는데 거짓말처럼 스르르 눈이 감겼다. 세상에서 가장 무거운 것이 눈꺼풀이라더니 자꾸 감기는 눈꺼풀을 이길 수가 없었다. 식사 후에, 햇살이 비치는 창가에 앉았기 때문에 식곤증이 올 수밖에 없었다는 핑계를 대기엔 내 상태가 심각했다.

자고 일어나도 개운치 않다는 것도 문제다. 잠은 많지만 현실적으로 오래 잘 수 없기에 내 수면 시간은 일 평균 3~4시간이다. 그러다 너무 피곤한 날에는 아무 생각도 없이 아이들과 같이 누워 잠을 청하는데, 그렇게 7~8시간을 자고 일어나도 충분히 잤다는 만족감이 없다. 계속 피곤하고 눈이 감긴다.

사실 자는 시간이 길어도 수면의 질은 좋지 않다. 계속 뒤척뒤척. 〈나 혼자 산다〉의 전현무 씨와 박나래 씨가 수면센터에서 진단받은 것처럼 살을 빼야 문제가 해결되는 것일까. 그런데 생각해보면 그럴 수밖에 없는 거였다. 지극히 내 입장에서 합리화하는 것일 수도 있겠지만 나는 단 하루도 깊게 '꿀잠'을 자지 못한다. 가장 큰 이유는 밤늦도록 해야 할 일이 많기 때문이고, 아이들이 아직 어려 자주 뒤척이는 것도 신경 쓰이기 때문이다. 그리고 또 하나, 남편의 늦은 귀가도 그 이유다.

나는 매일 육퇴 후 집안일은 기본이고, 낮에 다 하지 못한 내 일을 해야 한다. 그것들을 다 하고 나면 시곗바늘이 어느새 새벽 2시를 넘어선다. 그 시간에도 남편이 퇴근을 하지 않은 날이 많은데, 늦게 귀가하는 남편이 혼자 집에 들어왔을 때 외롭지 않도록 웬만하면 기다리는 편이다. 그래서 잠자리에 드는 평균 시간은 새벽 3~4시이고, 그 이후가 되는 날도 있다.

그렇게 잠이 들어도 잠을 깊게 이루지 못하고 아이들이 칭얼대는 소리에 깨고, 무서운 꿈에 깼다고 오는 아이들을 챙기기도 한다. 남편이 집에 있는 시간에도 아이들에게 반응하는 것은 오롯이 나의 몫이다. 남편은 빨리, 깊은 수면 상태에 진입해 아이들이 울거나 방으로 찾아와도 모르는 경우가 많다. 그러니까 남편의 수면시간 역시 짧지만 수면의 질은 나에 비해 좋은 편이다.

상황이 이렇다 보니 자도 자도 난 늘 피곤할 수밖에 없다. 아무것도 모르면서 남편은 내게 잠이 많다고, 잠을 줄이라고 핀잔을 주니 속상함과 억울함이 마음속 분노로 쌓인다. 게다가 주말도 평일과 다름없이 일찍 일어나야 하는 내게 주말에 늦잠이라도 자는 남편이 할 소리는 아닌 것 같다. 그래서 '당신이나 잠 좀 줄여. 주말엔 하루 종일 잠만 자려는 사람이 누구더러 잠을 줄이래?'라고 마음속으로(!) 이야기했다.

요즘은 남편을 기다리다 먼저 잠드는 날들이 많다. 이젠 체력이 안 된다. 버티고 버티다 결국 잠이 든다. 특히 첫째가 초등학생이 된 이후로 유독 피곤한 날이 많다. 나도 많이 늙었나 보다.

우리, 데이트
한 번 합시다

언젠가 다정하게 손을 잡고 걸어가는 노부부를 본 적이 있다.
참 아름다웠다. 우리 부부도 그렇게 나이 먹으면 좋겠다고 생
각했다.

부부가 같이 살다 보면 사랑보다는 정으로 산다고들 한다.
혹자는 아이들 때문에 산다고도 한다. "아이만 없었어도 벌써
이혼했을 거야."라고 말하는 사람이 있는 것처럼, 그 말대로 부
부의 관계를 유지시켜주는 것은 어쩌면 사랑이나 정이 아닌
아이일지도 모른다. 아이는 부부 사랑의 결정체이며, 부부의
사랑을 이어주는 연결고리다. 서로의 마음이 멀어지지 않도록
붙잡아주는 고리.

물론 아이가 부부에게 행복만을 가져다주는 것은 아니다. 아이로 인해 힘들고 서로에게 서운할 때도 있다. 아이 때문에 싸울 일도 자주 생기고, 육아에 대한 의견이 부딪히는 일도 많다. 또 대체로 남편은 아내가 자기를 챙겨주지 않는다며 서운해하고, 아내는 남편이 집안일과 육아를 도와주지 않는다며 원망한다.

서로에 대한 미움 때문에 그런 것은 아니다. 그저 힘들어서 그러는 것뿐이다. 처음 해보는 육아가 힘들고 어려워서. 가장의 무게가, 엄마의 무게가, 부부의 무게가 무거워 감당하고 이겨내기까지 각자의 시간이 필요할 뿐이다.

어느 순간부터는 우리 부부 사이에 보이지 않는 벽이 있는 것 같다는 느낌이 들었다. 서로 생각하는 방향이 다르고, 중요하게 여기는 것 또한 다르다고. 마주 앉아서 이야기할 대화의 주제도 적어지는 듯했다.

결혼 전, 출산 전 둘만 있을 때의 설렘 같은 건 이제 느끼기 힘들다. 어쩌다 둘만 있을 일이 있으면 어색함마저 느껴진다. 그도 그럴 것이 출산 이후 우리 사이에는 늘 아이가 있다. 아이를 낳은 후로 아이 없이 둘만 있는 시간은 거의 없었다. 밥을 먹을 때도 차를 마실 때도 늘 아이가 있기 때문에 둘만의 공간이 어색한 게 어찌 보면 당연할 수도 있다.

나는 우리 부부가 함께 사는 이유가 정 때문이 아니었으면 한다. 아이 때문도 아니길 바란다. 순수하게 우리가 서로를 사랑하기 때문이면 좋겠다. 아이가 성인이 될 때까지 참고 살다가 갈라서는 부부가 아니라 아이가 성인이 되어서도 서로를 향한 사랑으로 유지되는 관계이고 싶다.

부부가 오랜 시간 함께 살다 보면 사랑이 아닌 정으로 산다고 하지만 어쩌면 그건 정이 아니라 사랑의 또 다른 형태일지도 모른다. 함께한 시간이 길어질수록, 공유한 추억이 많아질수록 사랑은 서로에게 더 최적화된 형태로 진화하는 것일지도. 그 모습이 정으로 사는 것처럼, 누군가 말하는 형제로 사는 것처럼 보이는 것은 아닐까.

우리 부부도 언젠가 봤던 그 노부부처럼 나이 들면 좋겠다. 아이들 모두 출가시킨 후 서로의 주름진 얼굴을 어루만지고 아픈 곳을 주물러주며, 아이도 정도 아닌 사랑으로 의지하고 살아갈 날을 그려본다. 그렇게 늙어가길 바란다.

그러니 우리, 가끔은 둘만의 시간을 가집시다. 둘이서만 밥도 먹고 차도 마시고 술도 마시고. 예전처럼 데이트도 한 번 합시다!

내가 어릴 적에 우리 부모님은 한 달에 한 번 부부동반 모임에 나가셨다. 그날은 나와 오빠만 집에 있었다. 당시 내 나이는 초등학교 저학년 정도였던 것 같다. 나도 둘째까지 초등학생이 되고 나면 아이들끼리 집에 있으라고 하고 외출을 할 수 있으려나. 그날이 기다려지면서도 너무 빨리 올까 봐 두려워진다.

조기유학?
기러기 아빠는 안 시킬게

가끔 남편이 이민에 대해 이야기할 때가 있다. 우리나라에서 아이들 교육하기가 너무 힘들다며, 좀 더 편안한 환경에서 키우고 싶다고. 지나친 경쟁사회에서 주입식 교육을 받지만 상위 계층으로 이동하기는 너무 어렵다며 남편은 혀를 찬다.

우리나라보다 자유로운 분위기에서 다양한 경험을 하며 창의적인 아이로 키우고 싶다는 것은 나나 남편이나 같은 마음이다. 첫째가 초등학교에 입학할 시기가 되었을 때 더 그런 마음이 들었다. 초등학교 입학 전부터 아이의 학원 스케줄을 고민하는 여러 엄마들처럼 나도 그렇게 해야 하나 갈팡질팡하면서 아이가 좀 더 나은 환경에서 자라길 바라는 마음은 커져만

갔다. 그래서 이민을 생각해보기도 했다.

그런데 이민이라는 것이 어디 그리 쉬운 일인가. 외국에 가족이라도 있으면 모를까 아는 사람 하나 없는 생면부지 타인만 가득한 나라에서 산다는 것은 생각보다 힘들고 어려운 일이다. 기반을 잡기 위해 맨땅에 헤딩하듯 살아야 하는데 그게 몇 년이나 지속될지 장담할 수도 없고, 그 사이 고정적인 수입이 확보된다는 확신도 없다.

아이가 없는 상태라면 도전해볼 수도 있겠다 싶지만 아이가 둘이나 있는 지금은 섣불리 이민을 시도하기엔 위험 요소가 너무도 많다. '기러기 아빠'라 불리는 형태로 생활을 하고 있는 가정이 생겨난 것도 이런 이유 때문일 것이다.

나는 아이들 공부를 이유로 남편 혼자 남겨두고 외국으로 나가고 싶지는 않다. 그게 나쁘다는 건 아니지만 각종 미디어를 통해 접한 그 기러기 아빠의 모습은 '돈 버는 기계'가 된 것처럼 느껴졌다. 이는 전적으로 '내 생각'이니 오해는 없길 바란다. 같은 곳에 살아도 남편만 경제활동을 하는 가정이 많지만 집에 돌아왔을 때 반겨주는 가족이 있는 것과 없는 것에는 차이가 있을 것이다. 돈이 필요할 때만 아빠를 찾는다는 아이들의 이야기는 내 생각에 힘을 실어준다. 기러기 아빠가 좁은 고시원에서 고독사했다는 뉴스 또한 확신을 주었다.

남편 없이 나 혼자 아이들을 데리고 외국에 나가 살 자신도 없다. 최근 지인 가족과 말레이시아로 여행을 다녀왔다. 그 지인 가족 역시 이민에 대해 생각하고 있었는데, 말레이시아로 이민을 가 골프투어 관련 사업을 하고 있는 사람을 만나면서 그곳으로의 이민을 고려하고 있는 모양이다. 말레이시아에서는 초등학교에서 4개 국어를 가르친다고 한다. 그것도 무료로. 게다가 우리나라처럼 사교육이 활발하지도, 경쟁이 치열하지도 않다고 그가 알려주었다고 한다. 남편도 혹하는 눈치였다.

나는 아이들이 좀 더 자유로운 교육 환경에서 자라면 좋겠다. 그래서 더 다양한 방면으로 사고를 넓힐 수 있으면 좋겠다. 주입식으로 배운 것을 외우고 테스트를 거쳐 1등만을 고집하지는 않으면 좋겠다. 하지만 모두가 그렇게 살고 있는 환경에서 나만의 잣대를 갖고 아이들을 지도할 수 있을까. 드라마 〈SKY 캐슬〉에서 배우 윤세아 씨가 맡은 캐릭터 '노승혜'처럼 줏대 있는 엄마가 될 수 있을까. 아무리 생각해봐도 그럴 자신이 없다. 나는 내 아이들과 주변 친구들을 비교하며 늘 불안해할 것이 뻔하다.

이민. 아이들 교육에 진정 그것만이 최선인지 진지하게 고민하게 되는 요즘이다.

친구들과 가족 동반 여행을 갔다. 그곳에서 친구들 중 비교적 똑똑한 친구 A가 세부 한 달 살이에 대해 알아봤다며 방학 때 아이만 데리고 다녀오고 싶다고 했다. 한 달만 다녀와도 영어를 깨우치는 데 도움이 된다는 것이었다. 나 역시 같은 생각이었다. 그런데 남편들의 생각은 달랐다. 절대 안 된다는 의견이 대부분이었다. 단 한 사람, 내 남편만 나를 보내주겠다고 했다. 그런데 조건이 있었다. 친구 A가 같이 가야만 한다는 것이었다. A만큼 똑똑한 사람이 옆에 있어야만 안심할 수 있다고. 두 가지 마음이 교차했다. '역시 우리 남편은 달라.'라는 뿌듯함과 '나도 나름 똑똑한데?'라는 마음. 어찌되었든, 못 갈 것 같다.

육아를 하며 내 남편이 '남의 편'같이 느껴질 때

남편, 평생의 동반자이면서 같은 곳을 바라보고 나아가는 사람이지만 때때로 정말 '남의 편'같이 느껴질 때가 있다. 특히 독박육아를 하는 입장에서 이 사람이 정말 내 남편이 맞나 싶을 때가 종종 있다.

가장 먼저 생각나는 것은 주말에 늦잠 자는 남편! 평일에 밤낮 없이 일하느라 힘들고 고된 것은 알겠는데 주말에 혼자 늦게까지 자고 있는 모습을 보면 그렇게 약이 오를 수가 없다. 나는 아이들 일어날 시간에 맞춰 일찍 일어나 밥 먹이고 치우고 두 아이들과 씨름하느라 힘든데, 남편은 아직도 한밤중인 양

코 골며 편히 자고 있다.

더 화가 나는 것은 남편은 전날 밤늦게까지 TV를 보거나 게임을 하느라 더 늦게 잠자리에 들었다는 것. 나는 다음 날 일찍 일어날 것을 생각해 TV가 보고 싶어도 게임이 하고 싶어도 일찍 자려고 하는데 말이다.

남편이 모처럼 집에 일찍 들어오는 날은 하필 아이들 밥 먹이고 치운 시간이다. 그러면 다 치우고 좀 쉬려는데 다시 밥을 차려야 한다. 남편은 퇴근이 늦어서 아이들 잠들기 전에 들어오는 날이 거의 없다. 그러다 한 번씩 일찍 올 때가 있는데 그 시간이 문제다. 왜 하필 아이들 밥 먹이고 다 치운 직후인지! 늦게 올 땐 저녁을 먹고 들어와서 밥상을 차릴 필요가 없었는데 일찍 오는 날은 밥도 안 먹고 오니 저녁식사 준비는 모두 리스타트.

지인 중에 한 명은 남편이 밤 10시에 들어오든 11시에 들어오든 집에 와서 저녁식사를 한다고 한다. 게다가 메인 메뉴 하나를 중심으로 칠첩반상을 차려내야 한다고. 늦게 들어와 삼겹살 구워달라고 한 적도 있다며 하소연하는 그 지인을 보면 나는 양호한 것도 같다.

밥 시간 못 맞추는 것보다 더 나쁜 상황은 아이들이 거의 잠들려는 딱 그때 현관문 열리는 소리가 나는 것이다. 오 마이 갓! 남편의 잘못이라고 할 순 없지만 어쩜 이렇게도 타이밍이 안 맞는지….

주양육자인 나의 육아 방식을 비판할 때도 남편이 참 밉다. 내 방식이 무조건 맞는 것은 아니다. 하지만 무조건적인 비판은 듣기 참 불편하다. 개선해야 할 부분이 있으면 '비판'이 아닌 '조언'을 해주면 좋겠다. 내 감정이 격할 때는 그럼 당신이 애들을 보라며 소리를 꽥 지르고 싶을 때도 있다.

내가 어디가 아파서 투정 좀 부리려고 "나 여기 아파." 하면 남편은 "어."라고 통명스럽게 답하거나 "나도 여기가 아파."라며 자신의 컨디션이 더 안 좋다는 말을 할 때가 있다. 게다가 참 이상하게도 쉬는 날에 꼭 몸이 안 좋단다. "왜 이렇게 피곤하지? 몸살인가 봐. 온몸이 아파." 등의 말을 하며 엄살을 부리면 집안일을 같이 하자고 하기도, 아이들이랑 놀아주라고 말하기도 애매하다.

또 밖에 나가면 세상 좋은 사람, 세상 다정한 사람인데 왜 나한테만 그렇게 무뚝뚝한 걸까. 누군가는 '만만해서'란다. 아이를 낳고 혼자 키우다 보니 어른 사람이 참 그립다. 피곤하더라도 내 말에 귀 기울여주고 관심 좀 가져주면 좋겠는데 만만

하다니. 남편에게 나는 만만한 사람 말고 신경 써서 더 잘 해야 하는 사람이면 좋겠다. 물론 나 역시 남편을 그렇게 생각해야겠지만.

나 혼자 외출할 때도 남편은 나를 참 불편하게 한다. 쉬는 날, 아이들을 남편에게 맡기고 혼자 외출을 하려는데 신랑은 내 등에 대고 "둘 다? 언제 올 건데? 애들 밥은 어떻게 먹여?" 등의 애처로운 말을 한다. 휴, 오랜만에 홀가분하게 외출하려는데 왜 이렇게 질척거리지?

"당신도 아빠거든. 그 몇 시간 혼자 못해?"

서로 다른 사고방식으로 살아온 남편과 나. 육아를 하면서도 부딪힐 일이 참 많다. 그렇다고 매번 갈등만 안고 사는 것은 아니고, 남편이 정말 내 편 같을 때도 많다. 그런데 왜 안 좋은 모습만 자꾸 생각나는 걸까.

그럼에도 불구하고 우리 가족을 위해 늘 바쁘게 일하는 당신을 존경합니다.

#5

누가 내 육아를
힘들게 하는가

제발 장난감 좀
그만 사주세요

나의 시부모님은 자식에 대한 사랑이 지극하시다. 그리고 그 사랑은 손주들에게까지 이어진다. 자식을 키우며 해주지 못했던 것들을 손주들에게는 다 해주고 싶다고 하신다. 정말 '아낌없이 주는 나무'다. 아이들에게 한없이 너그럽고, 또 한없이 베풀어주신다. 참 감사하게도.

그런데 때로는 그런 무한한 사랑이 아이들에게 독이 되곤 한다. 떼쓰는 것으로 표현되는 아이의 행동이 대표적인 예다. 그것도 장난감을 사달라는 떼. 장난감을 사달라는 아이의 떼에 못 이겨 시부모님이 몇 번 장난감을 사주기 시작하면서 아이들은 '할머니, 할아버지 = 장난감 사주는 사람'이라는 인식을 갖게 된 것 같다. 한동안 집에 놀러 오셨다가 장난감을 안 사주고 가시려고 하면 울고불고 난리였다.

"할머니 할아버지가 장난감을 안 사주셔도 그 존재만으로 감사하고 사랑하는 아이들이면 좋겠어요. 그러니 아무리 떼를 써도 장난감은 그만 사주셨으면 해요. 뭔가 사주고 싶으시면 장난감이 아닌 것들, 예를 들면 옷이나 신발, 가방 같은 것으로 사주세요."

시부모님께 나와 남편의 육아 방식을 말씀드리고 동의를 구해봤지만 아이가 떼를 쓰면 시부모님의 다짐은 여지없이 무너지고 만다. 그리고 이렇게 말씀하신다. "애 울리지 마라. 내가 애들 이런 거 사주는 재미로 사는데 왜 그러냐.", "내 친구네 애들은 너네보다 장난감 훨씬 많더라. 애들은 다 그런 거니까 유난 떨지 마라."

한번은 둘째가 장난감 사러 가는 길에는 할머니 손을 꼭 잡고 가더니 장난감을 산 후에는 할머니를 본 척도 안 했다. 마치 자기 볼일 다 봤다는 것처럼. 겨우 4살짜리 아이가 말이다. 어머님은 그런 아이의 모습에 서운한 눈치셨다. 하지만 어쩔 수 없었다. 아이를 그렇게 만든 것은 시부모님이기도 하니까.

아이들의 떼가 심해지자 나와 남편은 아이들을 협박하기 시작했다. "한 번만 더 떼쓰면 다신 할머니 할아버지 안 만날 거야!" 그래도 소용없었다. 자신의 떼를 다 받아주는 할머니 할아버지와 있으면 아이는 천하무적이다.

'장난감 사주는 게 뭐가 문제야? 배 부른 소리 하고 있네!'라고 생각하는 사람도 있을지 모르겠다. 단순히 장난감을 사는 데서 그친다면 그 말이 맞을지도 모른다. 하지만 더 큰 문제는 그것으로 인해 파생되는 것들에 있다.

먼저 앞에서 언급한 것처럼 할머니, 할아버지를 장난감 사주는 사람으로 인식하는 게 문제다. 또 아이들이 장난감을 아낄 줄 모른다는 것도 지적하고 싶다. 조르기만 하면 사주는 '물주'가 있기 때문에 소중하게 생각하지 않는 것 같다. 새 장난감을 사서 갖고 노는 시간은 길면 하루, 짧으면 2~3시간이다. 그 이후에는 어디에 있는지도 모른다. 못 찾으면 그걸로 끝. 다음에 할아버지를 만나 또 다른 장난감을 사달라며 떼를 쓴다. 같은 장난감을 두 번 산 적도 있다.

할머니 할아버지가 있으면 엄마 아빠를 무시하는 것도 간과할 수 없나. 장난감을 사달라고 떼를 쓰는 아이 앞에서 쩔쩔매는 부모님과 울어도 절대 안 된다며 강경한 나. 아이는 급기야 내게 크게 소리 지르며 화를 내기까지 한다. 엄마가 화를 내봐야 어차피 할머니 할아버지가 사줄 거라는 걸 아는 건지 엄마

따위는 무서워하지도 않는다.

장난감. 아이에게는 꼭 필요한 것일 테지만 지나치게 많으면 부족한 것보다 못하다. 아이가 장난감 때문에 할머니 할아버지를 만나지는 않았으면 좋겠다. 장난감 때문에 엄마 아빠를 무시하지 않았으면 좋겠다. 장난감 때문에 자신의 물건에 대한 소중함을 모르지 않았으면 좋겠다.

아이들에게 무언가를 사주고 기쁨을 느끼는 부모님의 마음을 알기에 장난감이 아닌 다른 것들은 얼마든지 사주셔도 된다고 말씀드렸다. 옷이든 신발이든 가방이든. 최근에 또 장난감을 놓고 큰 실랑이가 있었다. 장난감을 사달라고 떼를 쓰는 아이를 붙잡고 "장난감 말고 신발 사러 가자. 신발 다 작아졌잖아."라고 설득했다. 아이를 데려간 부모님은 아이에게 "신발 사고 장난감 사자."라고 이야기하고 계셨다. 그날 장난감을 사지는 않았지만 아이는 혼이 많이 날 수밖에 없었다.

내 아이는
내가 잘 키울게요

육아에는 왜 이렇게 '사공'이 많은 걸까. 여기저기서 이래라저래라 참견하는 말들을 참 많이도 한다. 정작 아이 엄마는 나인데, 자신들의 육아 방식이 옳다고 내세우며 내 방식이 잘못되었다고 비판하기도 한다. 내게 주어진 상황을 알지도 못하면서 내가 그들의 방식대로 해야 한다고 강요한다. 그래서 육아가 더 어렵다. 육아에 대한 참견은 아이를 낳는 순간부터 시작된다. 그것도 가장 가까운 곳에서.

첫째 출산 후 2주간의 조리원 생활을 마치고 친정에서 요양을 했다. 친정에서 쉬면 마냥 편하기만 할 줄 알았는데 하루에도 몇 번씩 친정 엄마와 트러블이 생겼다. 몇 가지 예를 들면, 속싸개와 이불, 안아주기가 친정 엄마와 싸우는 대표적인 원인이었다.

신생아는 자기 팔 움직임에도 깜짝 놀랄 때가 있다. 또 아기에게 안정감을 줘야 하기 때문에 속싸개를 해줘야 하는데 친정 엄마는 자꾸만 풀어주는 것이었다. 아이가 답답해한다면서. 결국 첫째는 속싸개를 해주면 답답해하고, 풀어주면 자기 팔에 놀라는 이도 저도 할 수 없는 그런 아이가 되었다.

친정 엄마가 자꾸 안고 있으려고 하는 통에 한 달도 안 된 아이에게 일명 '등 센서'가 달리기도 했다. 그리고 아이가 매일 땀범벅이었다. 아기는 열이 많이 나고 땀을 많이 흘려서 시원하게 해줘야 한다고 그렇게 말해도 어느 순간 속싸개 위로 이불이 덮여 있었다. 아이를 생각하는 친정 엄마의 마음을 모르는 것은 아니지만 아이 엄마 말은 듣지도 않고 어른들 생각대로만 하려는 것이 못마땅했다.

친정에서 일주일간의 요양을 마친 후 집으로 돌아가는 길에 시집에 들렀다. 시부모님은 아이의 속싸개는 물론 기저귀까지 풀어놓았다. 남자는 시원해야 한다는 게 이유였다. 친정에서는 엄마가 속싸개만 풀어도 화를 냈던 나인데, 시부모님 앞에서 아무 말도 하지 못하고 있자니 친정 엄마한테 미안한 마음이 몰려들었다. 몰래 방에 들어가 어찌나 눈물을 훔쳤는지….

여기서 말한 예시는 극히 일부일 뿐, 부모님은 사사건건 내 육아에 개입해 감 놔라 배 놔라 하신다. 어디 부모님뿐인가! 처음 보는 어른들도 나에게 이래라저래라 한다. "왜 애한테 우유를 줘. 엄마가 젖을 먹여야지.", "애를 왜 이렇게 춥게 입히고 다녀?", "잔소리하지 말고 그냥 두면 알아서 잘 커." 오지랖 넓은 어른들에게 들은 말이 하도 많아 다 셀 수도 없다.

지인이 최근에 내게 진지하게 고민 상담을 했다. 그녀는 아이가 잘못한 일에 대해서는 굉장히 혼을 많이 내는 스타일인데 친한 사람이 자신에게 왜 그렇게 혼을 내냐고 우려하는 이야기를 했다는 것이다. 아이를 걱정해주는 그 말이 고마우면서도 자신이 그렇게 잘못하고 있는지 의문이라고 했다. 그녀에게 나는 말했다.

"그건 그 엄마 스타일이지. 그 엄마는 혼을 내지 않아도 아이가 잘 따라오나 보지. 넌 아니잖아. 그 엄마랑 네가 같지 않은데 어떻게 그 엄마 하는 대로만 할 수 있겠어. 모든 건 상황에 따라 다를 수 있는 거야. 무조건 화를 내고 또 심하게 혼을 낸다면 잘못일 수도 있지만 그렇게 해야 하는 상황이라면 어쩔 수 없는 거지."

많은 사람들이 아이를 생각하는 마음에 조언을 한다는 건 잘 안다. 모두가 그들이 이야기하는 이론, 삶의 지혜대로 살 수 있다면 좋겠지만 매번 그렇게 되지는 않는다. 관심을 가져주는 것은 고마우나 아이 엄마의 입장을 좀 더 헤아려주면 좋겠다. 아이를 가장 걱정하는 사람은 조부모도 지인도 생판 남도 아닌, 엄마니까 말이다.

최근에 시부모님과 시집 어른들을 만날 일이 있었다. 식사를 마치고 커피를 마시며 이야기를 나누고 있었는데 시어머니가 나와 두 시누이의 육아 방식에 대해 이야기하셨다. "큰 애는 애들한테 그렇게 소리를 지르는데 둘째는 절대 소리 안 질러. 조곤조곤 말을 어찌 그리 잘하는지. 애들이 그거 다 배운다고." 세 명의 육아 방식을 비교하는 것이 이야기의 골자였다.

누구에게나 상황은 있게 마련. 부모의 성향도, 아이의 성향도, 주어진 상황도 다른데 누구는 잘하고 누구는 어떻고 또 누구는 못하고, 그런 것을 평가할 수는 없다고 생각한다. 그 와중에 나를 툭툭 치며 "그래서 우리 애들이 화를 잘 내나?"라는 남편은 진정 남의 편이란 말인가.

내 아이 이름을
내가 지을 수 없는 이유

평생을 살면서 셀 수 없이 많이 불리게 될 이름. 아이를 낳기 전부터 아이 이름을 뭘로 할까 많은 고민을 했다. 예쁜 한글 이름이 좋을까, 뜻이 좋은 한문 이름이 좋을까. 즐겁고도 설레는 고민이었다. 어떤 이들은 아이를 낳기 전부터 이름을 정해 놓는다고 하는데 우리는 아이를 낳고 사주에 맞춰서 이름을 짓기로 했다. 그렇게 아이를 낳고 20여 일이 지나서야 아이 이름을 지었다. 아니, 아이 이름이 지어졌다!

첫째를 낳고 산후조리원에 있는데 시부모님께서 유명한 작명소에서 이름을 받아오셨다며 종이 한 장을 내미셨다. 그 종이에는 아이 사주에 맞춰 좋다는 이름 4개가 적혀 있었다. 그런데 좋다는 그 이름들이… 완전 옛날, 그것도 아주 옛날 느낌이 나는 이름이었다. 어머님, 이건 아니잖아요!

남편도 그 이름들이 마음에 들지 않았다. 결국 우리는 인터넷 작명소와 작명 애플리케이션의 힘을 빌려 아이에게 좋다는 이름을 지으려고 하고 있었는데, 따르르릉 전화벨이 울렸다.

"애미야~ 애 이름 '태영이'로 정했다. 백일기도도 올렸으니 그런 줄 알아라."

어머님이 다니시는 절의 큰스님이 지어주신 이름이란다. 아무럼 좋은 이름이겠지만 그래도 아이 부모한테 한 번쯤 의견을 물어봐주셨다면 훨씬 더 좋았겠다 싶었다. 그렇게 첫째의 이름은 태영이가 되었다. 감사하게도, 다행히도, 그 이름은 촌스럽진 않고 그냥 무난한 이름이다. 그 이름이 정해진 과정은 유쾌하지 않았지만, 좋은 게 좋은 거니까.

둘째의 이름도 시부모님이 절에서 받아오셨다. 그 이름 역시 촌스러워 마음에 들지 않아서 다른 이름을 알아보고 있었는데 시집 식구들은 아이를 이미 그 이름으로 부르고 있었다. 결국 아이 이름은 그것이 될 수밖에 없었다. 시집 식구들과 나 사이에서 남편이 곤란해하는 것 같아서 내가 양보한 것이었다. 누구 한 사람이 고집을 꺾지 않는 이상 결판이 나지 않을 일이었으니까.

아이 이름을 아이 엄마 아빠 마음대로 지을 수 없는 이유는 뭘까? 최근에 출산한 남자인 친구는 아내와 부모님 사이에서 아이 이름 짓는 문제로 트러블이 생겼다며 고민을 털어놓았다. 부모님은 돌림자를 따서 이름을 지어야 한다고 하고 아내는 돌림자가 싫다는 입장이었다. 쉽게 답을 찾을 수 없는 문제였다. 누구 한 명의 편을 들어서도 안 되는 문제였고.

우리나라에서는 남자의 경우 집안의 돌림자를 따라 이름을 지어야 한다는 전통이 있다. 더욱이 이름 뜻풀이에 따라 그 사람의 인생이 평탄할 수도, 어려움이 많을 수도 있다고 믿는 마음 때문에 아이 부모 두 사람의 뜻만으로 이름을 정하기가 쉽지 않다. 더구나 손자 손녀를 '내 새끼'처럼 여기는 조부모가 있기 때문에 아이 이름을 정할 때 그들의 의견을 고려하지 않을 수도 없다.

지인 중 한 명은 조부모님이 지어오신 이름 대신 부모 둘이 좋다는 이름으로 정했는데 아이가 아플 때마다 조부모님이 이렇게 말씀하신다고 한다. "이것 봐라. 애 이름을 그렇게 지어놓으니까 툭하면 아픈 거 아니냐. 내 말을 들으라니까."

부모가 짓든, 조부모가 짓든 아이에게 좋은 이름을 지어주려는 마음은 같다. 다만 어느 한쪽이 일방적으로 아이 이름을 정하는 것이 아니라 서로의 의견이 조율되었으면 하는 바람이다.

개인적으로는 아이 엄마와 아빠에게 일임해주신다면 더욱 좋겠다. 차라리 아이에게 직접 자신이 원하는 이름을 고르라고 하고 싶다.

첫째 때의 일이다. 과정이야 어찌되었든 아이 이름도 지어졌고, 태어난 지 한 달 되는 날 드디어 대한민국 국민이 되었다. 출생신고는 한 달 안에 하지 않으면 벌금을 내야 한다기에 딱 한 달을 채우고 겨우 했다.

아이 출생신고는 남편과 같이 가고 싶어서 시간이 될 때까지 기다리고 또 기다렸는데 남편은 도저히 시간을 낼 수 없었다. 결국 혼자 가서 출생신고를 했다. 아쉬움에 가득 찬 내 마음을 알았는지 그날 하필 비까지 쏟아졌다.

그러니까 나는, 비가 오는 날, 한 달 된 신생아를 안고, 혼자, 출생신고를 했다.

돈 없으면 아이 낳고
키우기 힘든 세상

우리 신혼집은 서울에서도 집값이 저렴해 신혼부부가 많은 동네였다. 지하철역에서 도보로 15분 거리의 언덕 중턱이었는데 언덕이 꽤 가팔랐다. 평지에서 한 블록 올라갈수록 집값은 떨어졌다. 갖고 있는 돈이 넉넉했다면 평지에 살 수 있었겠지만 당시엔 경제적으로 여유가 없었다. 그래서 우리 집은 가파른 언덕 중턱에 있는, 엘리베이터가 없는 빌라 4층이었다.

자차를 타고 다니는 남편과 시집 식구들은 마을버스 정류장이 집 코앞에 있다며 사는 데 어려움이 없을 거라고 했다. 실제로 아이를 낳기 전에는 전혀 어려울 게 없었다. 그런데 그곳에서 아이를 낳고 키우면서 나는 너무도 힘들었다.

집에 엘리베이터가 없었기에 유모차를 사용할 수가 없어 늘 아이를 안고 다녀야 했다. 마을버스는 만원일 때가 많아 타기가 힘들었고, 타고 나서도 사람들 사이에 끼어 계속 서 있기가 쉽지 않았다. 게다가 첫째는 돌 때 이미 두 돌 아이의 체형이었다. 내가 아무리 체격이 좋다지만 그런 아이를 어깨에 매달고 만원 버스에 몸을 싣는 것은 힘든 일이었다. 그래서 어쩔 수 없이 아이를 안고 언덕을 걸어 올랐다. 게다가 집은 4층. 계단은 오르고 올라도 끝이 보이지 않는 것만 같았다.

상황은 둘째가 태어나면서 더욱 악화되었다. 첫째에 둘째까지 안고 만원 버스를 타는 것도, 언덕을 걸어 오르는 것도, 4층까지 오르락내리락하는 것도 말도 못 하게 힘들었다. 허리며 무릎이며 관절들이 수시로 아팠다.

3년 전, 그러니까 첫째가 5살, 둘째가 3살이었던 겨울에 지금 살고 있는 곳으로 이사를 했다. 그동안 열심히 산 덕분에 형편이 좀 나아졌고, 서울이 아닌 외곽으로 눈을 넓히니 가격 대비 좋은 환경에 거주지를 마련할 수 있었다.

서울에 비해 대중교통이 좋지 않은 동네의 특성을 고려해 남편은 나에게 경차 한 대를 사주었다. 이제 더 이상 사람이 가득 찬 마을버스에서 이리 치이고 저리 치이지 않아도 되었다. 또 예전에 비해 여유가 생겨 아이가 하고 싶다는 것을 시킬 수 있게 되었고, 먹고 싶다는 것을 먹일 수 있게 되었으며, 또 가고 싶다는 곳도 갈 수 있게 되었다.

정부 차원에서 출산을 장려하지만 나는 무턱대고 애를 낳으면 안 된다고 생각하는 입장이다. 더욱이 돈이 없다면, 경제적으로 여유롭지 않다면 더욱 그렇다. 돈이 없으면 임신은 물론이고 출산도 하기 힘들다. 임신을 하는 동시에 돈이 들어갈 곳이 굉장히 많은데, 나라에서 주는 지원금은 턱없이 부족하다.
　돈이 있어야 내 아이를 먹일 수 있고, 입힐 수 있고, 놀게 할 수 있다. 아이가 하고 싶다는 것을 시킬 수 있고, 남부럽지 않게 키울 수 있다. 돈이 없다면? 물론 돈이 없어도 아이는 키울 수 있다. 다만 아이를 부족하게 먹여야 하고, 부족하게 입혀야 하고, 놀게 하는 데도 한계가 있다. 아이가 하고 싶다는 것도 시킬 수 없고, 남을 부러워하는 아이로 키울 수밖에 없다. 돈이 없으면 유치원이 끝나고 친구들이 우르르 몰려가는 키즈카페에 아이를 보내는 것조차 부담스럽다.
　자주 만나는 친한 친구가 있는데 최근에 경제적인 어려움이 커졌다. 아이의 유치원비를 낼 수 없고, 아이가 먹고 싶다는 과일 값을 감당할 수 없을 정도로. 커피를 마시며 그 이야기를 하는데 눈물이 쏟아졌다. 나도 지금에야 조금 여유가 생겼지만 그렇게 지내던 때가 있었으니까. 그렇게 살아봤기 때문에 그 친구가 어떤 심정일지 이해할 수 있었다. 아이를 키우면서 돈이 없다는 게 얼마나 비참한 일인지 나는 잘 알고 있었다.

결혼하기 전에 사람들이 이야기했다. "결혼은 현실이다. 사랑만으로는 살 수가 없다. 돈이 없으면 싸움이 시작된다." 그땐 그 말의 의미를 잘 알지 못했지만 결혼을 해서 살아보니 그 말이 사실이었다.

육아도 크게 다르지 않다. 사랑스러운 내 아이만 있으면 잘 키울 수 있을 것 같지만 세상은 생각보다 냉혹하다. 이런 나를 속물이라고 폄하해도 상관없다. 경제적인 여유 없이 아이를 키워본 나로서는 경제적인 뒷받침이 되지 않은 상태에서의 출산은 추천하지 않는다.

엘리베이터가 있는 아파트로 이사를 온 후 처음으로 눈이 많이 내리던 날 유모차에 둘째를 태워 동네 마트에 가는데 눈물이 날 것 같았다. 남편 없이 혼자 아이를 유모차에 태워 밖에 나간 것은 그날이 처음이었다. 그것도 디럭스 유모차를. 처음부터 이런 환경에서 아이를 키웠다면 얼마나 좋았을까. 내 몸은 얼마나 편했을까. 또 아이에게 얼마나 더 많은 것을 해줄 수 있었을까. 남편은 그동안 고생했다는 말로 나를 위로했다.

이 어린이집,
믿고 보내도 될까요?

어린이집 폭행 사건이 잊을 만하면 한 번씩 터져 나온다. 어린아이 둘을 키우는 엄마 입장에서 남의 일로만 생각되지 않는다. 그 피해 아이가 내 아이가 되지 말라는 법은 없으니까.

어린이집의 아동학대 기사를 접할 때면 어떻게 어린아이들에게 그런 극악무도한 짓을 할 수 있는지, 그들이 정말 사람이맞는지 의심스러워 어느 순간 나도 불같이 화를 내며 입에서육두문자를 쏟아낸다. 사실, 내 아이인데도 아이를 보다 보면화가 치밀어 오를 때가 많다. 하물며 자기 자식도 아닌 교사들은 오죽할까. 그들의 마음을 이해하지 못하는 것은 아니다. 하지만 그들은 '교사'이기에 '교사'다운 방법으로 아이들을 훈육

하길 바라는 것이 욕심은 아닐 테다.

어린이집 CCTV는 설치가 의무화되었을지 몰라도 열람하기는 쉽지 않다. 미리 신청서를 제출한 후 약속된 시간에만 CCTV를 볼 수 있다. 조금의 의심을 더하자면, 문제 장면을 삭제한 후 오류가 있었다고 발뺌을 해도 모를 일이다. 항간에는 CCTV를 보자고 하면 같은 지역의 다른 어린이집에도 블랙리스트에 올라 어디든 입소가 어려워진다는 이야기도 심심찮게 돌고 있다. 별일도 아닌 일로 무작정 CCTV부터 보자는 부모들도 문제지만 의심되는 상황을 방치한 유치원의 잘못도 배제할 수는 없을 것이다.

상황이 이렇다 보니 '아이 가방에 몰래 녹음기를 넣어 보내고 싶다.', '아이 옷에 몰래카메라라도 달아야 하나.' 등의 말이 나올 정도로 의심이 풀리지 않는 분위기다. 한 유치원에 다니는 아이의 부모가 담임 선생님이 아이들에게 폭언을 하는 것 같다며 원장 선생님과 상담을 했으나, 원장 선생님은 절대 그런 일이 없다고 강력하게 주장했다고 한다. 계속 신경이 쓰인 부모는 아이 가방에 몰래 녹음기를 넣어 보냈는데 녹음기 속에는 아이들을 향해 욕하고 소리 지르는 선생님의 목소리가 그대로 담겨 있었다고 한다. 절대 아니라고 했는데…. 상황이 이런데 대체 누구의 어떤 말을 믿어야 하는 걸까.

몇 년 전이었다. 그때도 어린이집의 아동학대 문제가 뜨거웠는데 둘째가 다니는 어린이집 가정통신문에 이런 문구가 있었다. "새 학기 시즌에 왜 폭행 기사가 많이 나는지 부모님들이 한 번 생각해보시길 바랍니다."

이 말의 뉘앙스에 다소 불편한 마음이 생겼다. 마치 어린이집 폭행 관련 기사가 여론 조작이라도 되는 것처럼 여기는 느낌이었다. 중요 사건을 덮거나 새로운 여론몰이를 위해 기사가 생성되는 경우가 있는 건 사실이지만, 믿었던 어린이집에 대한 불신이 피어오르려 했다.

대부분의 교사들은 사명감을 갖고 열정적으로, 사랑으로 아이들을 돌본다. 미꾸라지 한 마리가 물을 흐리듯 몇몇 몰지각한 사람들에 의해 전체 교사들을 의심하는 것은 분명 문제다. 시도 때도 없이 CCTV를 보자고 하는 부모들 역시 옳지 않은 것은 마찬가지다. 겨우 두 아이 키우는 것도 힘든데 여러 아이들을 돌보는 선생님이 대단하게 느껴지는 것도 사실이다. 그럼에도 불구하고 교사들 역시 왜 부모들이 교사를 의심할 수밖에 없는지에 대해서도 고민해보면 좋겠다. 아이들을 돌보는 교사, 특히 어린이집·유치원 교사라는 직업을 가진 사람들이라면 더 사명감을 갖고 임하길 바란다.

두 아이 엄마 입장에서 서로가 신뢰할 수 있는 상황이 되길 희망한다. 부모가 교사를 믿어야 하는 것만큼 교사들 역시 부모에게 믿음을 줄 수 있어야 하지 않을까. 교사들의 인성을 파악하고, 아동학대를 예방하고, 신속히 확인할 수 있는 방안이 마련되길 기대한다.

지난해 여름, 찜통 더위에 어린이집 차량에 혼자 방치되어 있던 어린아이가 7시간 만에 발견되었는데 이미 사망한 이후였다는 뉴스를 보고 가슴이 아팠다. 그날 주차장에 서 있는 둘째 어린이집의 차량을 보고 핸드폰 플래시를 켜서 차 안을 들여다보았다. 다행히 안에는 아무도 없었다.

아이가 고열로 고생하던, 나 혼자였던 밤

아이의 발열은 꼭 생각지도 못한 밤에 시작된다. 생각해보면 그런 날은 꼭 아이가 낮에 바람이 부는데도 놀이터에서 오래 놀았거나, 추운데도 물놀이를 했을 때였다. 두 아이를 키워온 경험상 아이의 열은 목이 부었기 때문일 것이다. 그런데 집에 있는 해열제를 먹여도 열은 떨어지지 않고 아이는 쌕쌕거리며 힘들어한다.

그런 날일수록 남편의 퇴근은 유독 늦다. 아이가 열이 나니까 빨리 오라고 연락을 해야 하나 고민하다가 결국 포기한다. 겨우 열 나는 걸로 일하느라 고생하는 남편을 소환할 순 없다. 38.5도, 39도, 39.5도…. 아이의 체온이 39도를 넘어서면서 나는 더욱 초조해져만 간다.

'이러다 40도까지 오르면 어쩌지? 아니, 그 이상 오르면 그 땐 어떻게 해야 하지? 열이 많이 오르면 아이가 바보가 될 수도 있다던데 지금이라도 응급실을 가야 하나?'

이제라도 급히 응급실에 가야 할까 싶지만 여러 번 응급실을 찾았던 경험을 돌아봤을 때 적당한 방법은 아니었다. 발열로 응급실을 찾아봐야 해열제를 먹이고 대기하거나 수액을 권유받을 게 뻔하다. 필요 이상으로 아이가 힘들어하는 검사를 많이 한다는 의심도 떨칠 수가 없다. 그래서 나는 열 한번 나는 것 정도로는 응급실을 찾지 않는다. 아이가 둘이기 때문에 혼자서 자는 두 아이를 데리고 응급실에 가기 힘들다는 것도 응급실에 가지 않는 이유 중 하나다.

결국 집에서 해열제와 해열 패치, 민간요법으로 밤을 보내고 아침 일찍 병원을 찾기로 한다. 그런데 참 나쁘게도 나는 아픈 아이에게 짜증을 내고 있다. 밤새 제대로 잠을 이루지 못하고 칭얼대고 우는 아이에게 "그만 좀 해라. 뭐 어쩌라고!"라며 신경질을 내고 만다.

"애 아빠라는 사람은 왜 이렇게 안 와!"

남편을 향한 원망도 쏟아낸다. 내 몸과 마음이 피곤하고 힘들기에 표정은 점점 일그러지고, 입에서 나오는 말이라고는 내 상황을 비판하거나 아이를 다그치는 부정적인 것들뿐이다. 내 머릿속 생각도 마찬가지다.

아이 옆에서 수시로 열을 체크하느라 나는 잠을 자는 것도, 깨어 있는 것도 아닌 상태가 된다. 잠깐씩 잠이 들었다가 아이의 뒤척임에 화들짝 놀라 깼다가 다시 잠깐씩 잠이 들고 깨는 시간이 반복된다. 그 사이 언제 들어왔는지 아무것도 모르는 남편은 코까지 시원하게 골며 자고 있다.

'이 인간을 죽여 살려?' 이런 날은 남편의 코 고는 소리가 유난히 듣기 싫다. '애가 이렇게 열이 나는데 잠이 온단 말이야? 난 계속 잠도 제대로 못 자고 이러고 있는데 코까지 골고 자냐?' 차마 입 밖으로 내뱉지 못한 말들이 목 끝까지 올라와 계속 구시렁댄다.

아침이 밝으면 다행히 아이의 열은 많이 떨어져 있고, 언제 아팠냐는 듯 또다시 에너지가 넘친다. 아무렇지도 않은 아이를 보며 안심이 되면서도 지난밤 나의 노고를 아무도 모른다는 사실이 내심 서운하기도 하다.

"그만 좀 뛰어다녀!"

언제나처럼 에너지를 주체하지 못하고 뛰어다니는 아이에게 나 역시 평소처럼 소리친다.

아이가 아프면 안쓰러워 차라리 뛰어다니는 게 낫다고 생각했다가 다 나아서 기운이 넘치면 또 힘들다는 이 엄마, 어쩌면 좋을까.

항상 주말에만
아픈 이유

건강은 자신하는 게 아니라지만 나는 다행히도 잔병치레를 잘 하지 않는 편이다. 무엇이든 참는 것을 잘 하기 때문에 참아서 모르고 넘어가는 경우도 있지만 대개는 건강한 편이다. 그런 내가 유독 골골거리는 때가 있다. 바로 휴일, 그것도 남편이 있는 휴일이다.

평일에는 쌩쌩하던 내가 주말 아침이 되면 골골거리기 시작한다. 원래 아침잠이 많은데 주말에는 아침에 일어나기가 더 힘들다. 또 온몸이 아픈 것만 같다. 머리도 무겁고 하지도 않던 기침까지 하기도 한다.

이렇게 주말에만 아픈 이유는 내 마음이 해이해지기 때문이다. 평일에 아이들을 챙기느라 단단히 조여 묶었던 마음이 주말이면 남편이 있다는 이유로 풀어지는 것이다. 내가 아니어도 아이들을 돌봐줄 믿을 만한 사람이 있으니까. 외출해서 귀가하는 길에 화장실에 가고 싶은 것을 잘 참고 있다가 집에 도착하면서 갑자기 미친 듯이 급해지는 것과 비슷하다고나 할까. 긴장이 풀리면서 주말에 몰아서 아픈 모양이다.

많은 엄마들이 이야기한다. 주양육자인, 그것도 혼자 육아를 담당하는 엄마는 아파도 제대로 아플 수가 없다고. 엄마가 아프면 아이를 돌봐줄 사람이 없기 때문이다. 가까운 곳에 아이들을 돌봐줄 조력자가 있거나, 남편이 월차든 연차든 시간을 낼 수 있다면 다행이지만 그런 상황이 아니라면 엄마는 절대 아플 수가 없다.

더군다나 아플 틈도 없다. 아침부터 밤늦게까지, 아이들이 자는 새벽에도 해야 할 일이 산더미인데 언제 아플 수가 있겠는가. 내 몸도 이런 패턴을 알기 때문인지 평일에는 아프다는 신호를 보내지 않다가 긴장이 풀리는 주말에 한 번에 전송하는 것일까.

이렇게 주말에 아픈 사람이 나뿐이면 좋겠지만 안타깝게도 남편 역시 마찬가지다. "나 아파."라며 좀 늘어져 있고 싶은데 늘 남편이 먼저 "아이고, 온몸이 왜 이렇게 쑤시냐. 몸살이라도 났나?"라며 앓는 소리를 한다. 결국 버티다 먼저 몸을 일으키는 사람은 70%의 확률로 나다.

아파도 아플 수 없고, 아파서도 안 되며, 아플 틈도 없는 엄마. 누구에게도 아이들을 부탁할 수 없다면 자신의 몸은 자신이 스스로 챙겨야 한다. 그러기 위해서는 무엇보다 체력이 중요하다. 나이가 들면서 체력이 떨어지니 몸이 아픈 횟수가 잦아져 의도치 않게 평일에 몸살을 호소하는 날이 많아졌다. 한번은 감기에 독하게 걸려 일주일 이상 병든 닭 같았는데 그 이후에는 입술과 잇몸에 잔뜩 염증이 생겨 일주일을 또 고생했다. 이제 좀 괜찮아졌다 했더니 눈에도 탈이 났다.

게다가 또 어찌나 피곤한지, 아이들 재우면서 같이 잠들었다가 다음 날 아침에서야 눈을 뜨는 날도 많아졌다. 육퇴 후 집안일을 마무리해놓고 혼자 쉬면서 드라마를 보거나 커피라도 마시고 싶었는데. 덕분에 나는 체력을 보충하기 위해 한동안 안 챙기던 영양제를 다시 찾고 있다.

대부분의 부모가 아이들에게는 좋다는 영양제를 아낌없이 챙기지만 자신은 가장 기본적인 영양제조차 먹지 않는다. 주말마다 몰아서 아프지 않기 위해, 체력을 키우기 위해 영양제는 아이들보다 부모에게 더 필요한 것 같다.

지난 주말에도 나는 아침에 눈이 떠지지 않을 정도로 몸이 힘들었다. 같이 누워 있던 남편에게 아이들 아침밥 챙겨줄 것을 부탁했다. "여보, 냉장고에 사골국이랑 떡 있으니까 간단하게 떡국이나 끓여줘." 남편에게 아이들 아침밥 차리는 간단한 팁까지 주고 좀 더 눈을 붙였다. 그렇게 한 10분 지났을까. 남편이 밥상 차리자고 나를 불렀다. 먹이고 치우는 것까지 해주면 얼마나 좋을까.

내 육아를 가장
힘들게 하는 사람

아이를 키우느라 힘들다는 말을 습관처럼 하면서 누군가에게서 그 이유를 찾는다. '첫째가 말을 안 듣고 제멋대로여서 힘들어.', '둘째가 고집을 너무 부려서 힘들어.', '남편이 매일 늦고 도와주는 게 하나도 없어서 힘들어.', '부모님이 자꾸 참견하셔서 힘들어.' 모든 원인은 내가 아닌 내게 주어진 환경에 있다며 '남 탓'을 하기에 바쁘다. 하지만 나는 알고 있다. 애써 부인하고 싶지만 나를 가장 힘들게 하는 사람은 바로 '나'다.

나는 굉장한 '원칙주의자'다. 내가 정해놓은 기준에서 벗어나는 것을 참기 힘들어하는 사람이다. 일례로, 출산 전 회사에 다닐 때 지각을 하는 경우가 있었는데 내게 지각했다고 핀잔을 주는 사람이 아무도 없었지만 지각을 한 나 자신에게 화가 나서 참을 수가 없었다. '나는 도대체 생각이 있는 거야, 없는 거야. 출근 시간을 지키는 건 기본 중의 기본인데 그것 하나 제대로 지키지 못하면서 뭘 할 수 있겠어?' 이렇게 나 자신에게 채찍질을 멈추지 않았다.

그렇다. 나는 소위 말하는 FM 그 자체다. 육아할 때도 마찬가지다. 아이들이 내 기준에서 벗어나는 것을 인정할 수가 없다. 그 기준에 아이들이 미치지 못한다는 게 나를 너무도 힘들게 한다. 그래서 화를 내고 소리 지를 일이 더 많아진다.

또 예를 들면 이렇다. 아이들은 밥을 먹으며 흘릴 수도 있고, 마음에 들지 않는 반찬을 먹지 않으려 할 수도 있다. 하지만 밥을 흘리지 않아야 하고, 반찬을 골고루 먹어야 한다는 내 기준에 아이들이 부합하지 못하기 때문에 화가 난다. 마치 로봇에 프로그래밍을 하듯 내 기준에 아이들이 맞춰지길 바라고 있는 것이다. 더 큰 문제는 그 기준이 때로는 너무 높다는 것이다. "넌 눈높이가 너무 높아."라는 지인들의 말에 할 말이 없어지는 것도 당연하다.

육아가 편하려면 마음을 내려놓으면 된다. 하나부터 열까지 개입해 이래라저래라 하지 말고 아이의 아이다운 행동을 인정하고 받아들이면 된다. 이론은 이렇게 잘 알고 있지만 그렇게 하는 게 쉽지가 않다.

최근에 본 드라마 〈SKY 캐슬〉에서 한 아이가 부모의 욕심을 채워주기 위해 억지로 공부를 한다. 그리고 부모가 원하는 서울대 의대에 합격한 이후에 '복수'를 하겠다며 이제 더 이상 부모님의 자식으로 살지 않겠다고 한다. 그동안 부모님의 기대를 충족시키기 위해 지옥 같은 삶을 살았다며.

어쩌면 나 역시 그런 식으로 아이를 키우고 있는지도 모르겠다. 내가 혼자 기준을 정해놓고 아이에게 화를 내고 소리를 지르면서 그 기준까지 올라오라고 채찍질을 하고 있는 것일지도 모른다. 아니다. 분명 그러고 있다.

"애들이 다 그렇지."라는 많은 선배 엄마들의 말처럼 아이가 정말 아이라는 것을 이해하고 내가 세운 기준을 던져버린다면 내 육아가 좀 더 편해지려나.

🌸 요즘은 나도 아이들을 많이 풀어주는 편이다. 예의와 규칙 같은 아주 기본이 되는 것들에 대해서는 여전히 엄격한 편이지만. 그런데도 여전히 힘들어 죽겠는 건 왜일까.

독박육아로
살아남기

독박육아맘으로
사는 몇 가지 팁

하루 종일 쉬지도 못하고 고군분투하지만 육퇴, 가퇴(가사노동 퇴근)를 하고 나면 '내가 오늘 하루 뭐 했지?' 하는 생각에 허무해진다. 아무것도 한 것 없이 아이들 보고, 집안일만 하다가 하루가 지나가버린 느낌이 드는 것이다. 사실은 하루 동안 한 일이 엄청 많은데도 말이다.

독박육아맘, 특히 전업맘은 이런 생각이 더욱 강하다. '나는 매일 집에만 처박혀 아이와 씨름하고 있다.'라고 생각하게 된다. 이런 상황이 반복되면 육아우울증으로 이어질 수 있다. 그래서 건강한 독박육아맘으로 살기 위해 성취감을 느낄 만한 무언가를 찾아야 한다. 추천할 만한 팁은 5가지다.

취미 생활을 하세요

많이들 하는 조언이다. 하지만 들을 때마다 콧방귀를 뀌게 된다. '그럴 시간도, 돈도, 마음의 여유도 없는데 무슨 취미 생활이야. 장난해?'라며. 나 역시 그랬다. 취미 생활은 돈 많고 시간이 남아돌고, 그래서 심적인 여유까지 있는 사모님들이나 하는 거라고 생각했다. 하지만 아니었다. 취미 생활을 하기 때문에 성취감을 느끼고 마음의 여유가 생기는 것이었다.

여기서 중요한 것은 어떤 취미를 갖느냐 하는 것이다. '여행하기'와 같이 굳이 시간을 내서 어디를 가야 하고 돈도 많이 쓰게 되는 것이 아닌 집에서도 짬이 날 때 가볍게 할 수 있는 취미를 해야 한다. 예를 들면 독서, 음악 감상 같은 진부한 것들 말이다. 책을 틈틈이 보다가 한 권을 다 읽게 되었을 때, 〈핑크퐁 상어가족〉과 같은 동요가 아닌 최신 가요를 듣다가 쇼핑몰에서 그 노래가 흘러나올 때, 컬러링북에 색을 칠해 나만의 작품을 완성했을 때 느끼는 성취감과 쾌감은 생각했던 것 이상이었다.

반찬을 사세요

매번은 아니고 가끔은 그래도 된다는 말이다. SNS를 보다 보면 아이에게 차려준 밥상 사진을 많이 보게 되는데, 식판 가득 다양한 반찬들이 차려진 사진을 보면 나는 참 못난 엄마라는 생각이 든다. 밥에 김만 싸주던 내 모습, 생선 하나 구워 먹이던 내 모습이 그 사진과 비교되기 때문이다. 내 아이에게도 맛있는 음식을 다양하게 먹이고 싶지만 그러지 못한다는 생각에 죄책감이 밀려온다.

그럴 땐 좌절하지 말고 반찬 가게의 도움을 받자. 그리고 식판에 다양하게 차려준 후에 사진을 찍고 SNS에 올려보자. 그것만으로도 굉장한 성취감을 느낄 수 있다. 나는 아이에게 먹여야 하지만 손이 많이 가는 나물류 같은 반찬은 사고, 불고기 같은 메인 요리 하나쯤은 직접 하려고 하는 편이다.

자신에게 돈을 쓰세요

대부분의 엄마들은 자신에게 돈을 쓰는 데 인색하다. 남편과 아이에게 필요한 물건은 잘 사면서 자신에게 필요한 것에는 선뜻 지갑을 열지 못한다. 그런데 때로는 나 자신을 위해 돈을 쓸 필요도 있다. 그렇다고 큰 지출을 하라는 건 아니다. 예를 들면 올리브영 같은 곳에서 매니큐어, 립스틱 하나 정도 사는 것이다. 밋밋한 손톱 컬러 하나만 바꿔도, 생기 없던 입술에 립스틱 하나만 발라도 '나도 뭔가 하고 있구나.' 하는 생각에 위안이 된다.

화를 참아보세요

아이를 키우며 화가 전혀 나지 않는다면 얼마나 좋을까. 하지만 곧잘 아이에게 화가 나고 소리를 지르게 된다. 그러고는 육퇴 후 혼자 마음 아파한다. '내가 좀 더 참을 걸 그랬어. 나는 왜 이렇게 못난 엄마일까.' 하고.

엄마도 엄마이기 전에 사람이기 때문에 아무리 자기 아이라고 해도 화가 날 수 있다. 또 소리를 지르고 회초리를 들 수도 있다. 하지만 하루만 화를 꾹 참아보자. 많은 육아서들이 이야기하는 것처럼 화가 날 때는 잠시 자리를 피하는 등의 방법을 써서 딱 하루라도 아이에게 화를 내지 않는 것이다. 그렇게 하루를 지내고 나면 '나 오늘은 아이에게 정말 최선을 다했어. 오늘은 나도 좋은 엄마였어.'라며 말로 표현할 수 없는 성취감을 느끼게 된다.

일기를 쓰세요

하루 동안 아무것도 한 게 없는 것 같지만 엄마들은 사실 굉장히 많은 일들을 하고 있다. 일기를 쓰면서 오늘 하루 무엇을 했는지 떠올려보자. 냉장고 정리도 깨끗하게 했고, 집안 곳곳을 청소하기도 했다. 아이에게 맛있는 음식을 먹였고, 또 깨끗이 씻긴 후에 향기로운 로션도 발라주었다.

육아와 가사가 아무것도 아닌 것처럼 느껴지지만, 그래서 '나는 뭐 하는 사람인가.' 하며 자존감이 곤두박질치는 기분을 경험하게 되지만 엄마들은 누구도 대신할 수 없는 엄청난 일을 하고 있다. 내가 없으면 우리 집은 돼지우리 같아질 것이며, 쾌쾌한 냄새가 나고 벌레가 집을 지을지도 모른다. 아이는 제대로 못 먹어서 잘 크지도 못하고 잦은 병치레를 할 것이며, 세수도 하지 못해 얼룩덜룩한 얼굴로 있을지도 모른다. 남편도 늘 더럽고 구겨진 옷만 입고 다닐 것이다. 또 하나, 엄마인 내가 이렇게 잘하고 있기에 남편도 밖에 나가서 마음 놓고 일할 수 있는 것이다.

비록 눈에 띄지는 않지만 아이를 돌보고 집안일을 하면서도 '나 없으면 어쩔 뻔했어. 나니까 이렇게 하는 거지.'라며 자신을 높이 평가하길 바란다.

엄마로 산다는 것은 쉽지 않다. 특히 전업맘들은 사회생활을 하며 쌓아온 커리어도 포기한 채 '나는 아무것도 한 게 없다.'라는 생각에 사로잡힐 수 있다. 그래서 성취감을 느낄 만한 요소들이 필요하다. 개인 차가 있지만 하루에 5분이라도 취미 생활을 하고, 때로는 반찬 가게의 도움을 받고, 적은 금액이라도 자신을 위해 쓰고, 일기를 쓰면서 하루 동안 했던 많은 공적들에 대해 생각해봤으면 한다.

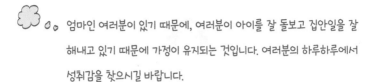 엄마인 여러분이 있기 때문에, 여러분이 아이를 잘 돌보고 집안일을 잘 해내고 있기 때문에 가정이 유지되는 것입니다. 여러분의 하루하루에서 성취감을 찾으시길 바랍니다.

절대 잠들지 마,
어떡해서든!

육아하는 부모 치고 '육퇴'라는 말을 모르는 사람은 없을 것이다. 육퇴. '육아 퇴근'의 줄임말이다. 네이버 오픈 국어사전을 보면 "아이가 잠들면 그제야 육아에서 놓여남을 퇴근에 비유해 이르는 말"이라고 되어 있다. 육퇴는 아이를 재우는 것만으로 그 의미를 다하는 것이 아니다. 사전적으로 정의할 수는 없지만 특히 나 같은 독박육아맘에게 육퇴는 '밤잠' 그 이상의 의미가 있다.

내게 육퇴는 '반성'이면서 '나'다. 고백하건대 나는 '쓰레기 엄마'다. 엄마 같지 않은 엄마, 늘 화를 내는 엄마, 아이들보다 나를 먼저 생각하는 엄마, 엄마가 뭔지도 모르면서 엄마가 된 엄마. 온갖 안 좋은 표현을 다 갖다 붙여도 이상하지 않은, 그런 엄마다.

그런 내가 진짜 엄마가 되는 시간이 있다. 잠든 아이들을 바라보는 바로 그 시간이다. 내가 또 하루 동안 얼마나 쓰레기 같았는지를 생각하고 반성한다. '낮에는 버럭 하고 밤에는 반성한다.'라는 뜻의 '낮버밤반'이라는 말처럼 '좋은 엄마'가 되고 싶다는 마음을 먹게 하는 시간이 바로 육퇴 이후다.

"빨리 안 잘 거야?!" 소리를 빽 지르면서 아이를 재워놓고도 일단 숨소리가 바뀌고 잠든 것을 확인하고 나면 '내가 그새를 못 참고 또 화를 냈네.'라며 후회하고 반성한다. 늘 하는 반성과 다짐이 매번 실패로 돌아가는 것이 문제지만.

육퇴 후의 시간은 곧 '나'이기도 하다. 아이를 챙겨야 하는 엄마로서의 내가 아니라 오롯이 '나를 위한' 내가 되는 것이다. 마저 끝내지 못한 집안일과 다음 날 아침을 위한 준비가 남아 있지만 '나 혼자'인 시간에는 그것마저 즐겁다. 늘 '함께' 있다가 '혼자'가 된 순간 느껴지는 자유. 그것만으로도 힐링이 될 때가 있다.

혼자가 되는 육퇴 후의 시간은 나의 에너지를 재충전하는 시간이다. 못 봤던 드라마를 챙겨 보거나, 책 한 권 펼쳐놓고 커피 한 잔 마실 때의 희열은 느껴본 사람만이 아는 해방감이다. 독박육아맘에게 혼자만의 시간은 사막의 오아시스와도 같다. 엄마가 아닌 '나'의 시간, 잠깐이라도 하루에 한 번은 그런 시간이 꼭 필요하다.

육아 웹툰으로 책까지 출간된 『엄마가 되기까지』의 따봉맘 김수희 작가는 육퇴 후 하루 10분, 자기만을 위한 시간을 갖는 것이 엄마와 아이에게 모두 도움이 된다고 강조했다. 모든 사랑의 시작은 '나'이며, 아이에게 많은 사랑을 줘야 할 엄마부터 자신을 사랑해야 아이도 자신을 사랑하는 법을 배울 수 있다고 했다. 자신감 넘치는 엄마를 보고 자라면 아이도 자신감이 넘치고, 행복한 엄마 밑에 행복한 아이가 있다고 말이다. 육아에 지쳐 '나'를 잃었다고 생각하는 순간이 바로 '나'를 찾아볼 때라고 김수희 작가는 말했다. 이를 위해 하루 10분의 시간을 확보하는 것은 중요하다. 겨우 10분이지만 엄마가 스스로 자신을 찾고, 자신을 사랑하고, 그래서 아이와의 시간이 더욱 유익해질 수 있다.

그런데 안타깝게도 육퇴와 함께 그날의 모든 일이 마감되는 날이 있다. 아이를 재우며 잠이 들어버리는 것이다. 다음 날 아침에 눈을 뜨면서 "아, 또 잤어!"라며 한숨을 내쉰다.

요즘 내 평균 육퇴 시간은 9시 30분에서 10시다. 둘째가 유치원을 다니기 시작하면서 육퇴 시간이 빨라졌다. 올해부터 유치원에 보내길 여러모로 잘한 것 같다.

나만의 시간
절대 안 잘 거야!

육퇴 후 그녀들의
은밀한 밤 모임

내게는 8명의 동네 친구들이 있다. 아이들로 인해 맺어진 관계가 아니라 순수하게 나이가 같고 마음이 맞는 친구들이다. 임신을 하면서부터 새롭게 알게 되는 사람들은 대부분 아이로 인해 관계가 시작된다. 출산 전 산부인과 문화센터 모임, 조리원 동기, 같은 문화센터 클래스에 다니는 엄마들 모임 등도 물론 좋지만, 아이를 낳았는데도 아이가 아닌 내가 주체가 되는 모임이 생겼다는 게 내가 생각해도 신기하다. 주위 사람들도 이 친구들과의 만남을 부러워할 정도다.

이 친구들은 나이가 같기 때문에 좀 더 편하고 꾸밈없이 만날 수 있다는 게 장점이다. 모두 비슷한 또래의 아이를 키우고 있기에 육아로 힘들 때, 남편이나 시집 문제, 그 외의 이유로 기분이 좋지 않을 때 서로에게 위로가 되어준다. 상황에 따라 당사자인 나보다 더 화를 내주고 욕을 해주는 친구들 덕분에 마음속 분노가 사라질 때도 많다.

이렇게 희로애락을 함께하는 이 친구들과 서너 달에 한 번꼴로 밤에 '은밀한' 모임을 갖는다. 남편이 있는 주말 밤, 아이를 모두 재운 후에.

설레는 마음으로 기다린 그날 밤에 우리는 아이들과 함께할 때 입을 수 없는 옷을 입고 예쁜 신발도 신는다. 그러고는 '홀몸'으로 집을 나선다. 만남의 시간은 평균 밤 10시. 평소 아이들이 있어서 가지 못했던 술집에서 숨겨왔던 주량을 뽐내고, 노래방에서 미친 듯이 소리를 지른다. 1차, 2차, 3차 혹은 그 이상까지 이어지는 밤 모임은 독박육아를 하는 내게 숨 쉴 틈을 주는 시간이다.

그녀들과의 밤 모임은 엄마도, 아내도, 며느리도 아닌 오롯이 내가 되는 유일한 시간이다. 그 시간만큼은 평소 나를 휘감고 있는 어떤 의무도 주어지지 않는다. 다른 사람들의 시선을 의식해 따지던 허례허식 또한 필요치 않다. 오로지 나 하나면 된다.

어린아이를 키우다 보면 싱글인 사람이 부러울 때가 있다. 아이가 없던 시절의 자유로운 내가 그리울 때가 있다. 아이가 싫기 때문이 아니다. 늘 아이와 함께여야 하기에 제한되는 많은 것들에 대한 아쉬움 때문이다.

'나'로 살아본 게 언제던가. 아이를 낳은 후부터 이름 대신 '누구 엄마'로 불리는 데 더 익숙해진 내 모습에 서글프기도 하다. 그런 내게 아이 없이 주어지는 자유가 얼마나 달콤한지···. 깜깜해진 밤, 나 혼자 집을 나선다는 것만으로도 온 세상이 아름다워 보인다. 화려한 네온사인 속에 내가 있다는 것만으로도 힐링이 된다. 특별히 무엇을 하지 않아도, 편의점 커피 한 잔에도 기분이 좋아진다.

그녀들과의 밤 모임 중 누군가의 핸드폰이 울리면 모두가 긴장을 한다. 아이가 깨서 엄마를 찾으며 운다는 남편의 호출일 확률이 99.99%다. 그렇게 떠나가는 친구들을 보면 얼마나 안타까운지 모른다. 보통 새벽 3시까지 이어지는 밤 모임은 그래봐야 5시간일 뿐인데, 그 시간마저도 온전히 주어지지 않으니 말이다.

육아로 지칠 때, 가사로 힘들 때, 그 외 일들로 무너질 때 마음 맞는 친구들과의 만남은 나를 일으키는 원동력이 된다. 이제 슬슬 친구들과의 은밀한 밤 모임을 할 때가 된 것 같다.

밤에 만나 술을 마시고 노래를 부르면서도 놓을 수 없는 것은 다음 날 아이들을 챙겨야 한다는 것. 그러기 위해서는 너무 늦게까지 밖에서 시간을 보낼 수가 없다. 아쉬워도 적당히 놀다가 집으로 돌아가야 하는 신세. "왜 우리는 애를 다 재우고 나가야 해? 그러니까 조금밖에 놀 수가 없잖아." 하는 불만이 생기기 시작했다. 다음번 모임은 좀 더 일찍 시작해야겠다. 아이 재우는 것까지 남편에게 맡기는 걸로!

'시' 자도
세월이 약이더라

모든 며느리들이 그렇겠지만, 나는 평범하지 않은 시집살이를 했다. 결혼 후 극심한 스트레스로 매일 밤 술을 마셔 한 달 만에 체중이 10kg이나 늘어날 정도였다. 술 마시는 것만이 내가 숨을 쉴 수 있는 길이었다. 그때도 바빴던 남편 없이 나 혼자.

결혼 전 양가 상견례 때 친정 아버지가 성격이 보통 아닐 것 같다고 하셨던 시어머니와 그 시어머니 옆의 두 명의 시누이. 그들 사이에 어우러지는 것은 생각보다 어려운 일이었다. 결혼 전 상상했던 단란한 가족의 모습은 어디에도 없었다.

시집과 신혼집이 가까웠던 탓에 나는 수시로 시부모님의 호출을 받았고, 주말을 포함해 일주일에 3~4일은 시집에 갔던 것 같다. 그리고 열에 여덟아홉은 두 시누이가 있었다. 그들 역시 결혼해서 가정이 있는 상태였다는 것이 나를 더욱 혼란스럽게 했고 또 반감을 갖게 했다. 결혼 후 내가 시어머니에게 가장 처음 들은 말이 "이제 친정과 정 떼야 하니까 자주 가지 마라."였는데, 시누이들은 늘상 친정집에 와 있었으니 좋게 보일 리 없었다.

가족에 대한 집착이 남다른 시부모님과 시누이들이었기에 내가 받는 스트레스는 상당했다. 남편의 표현을 빌리자면 나는 시어머니가 3명이었다. 남편은 나의 스트레스를 이해해주는 것 같다가도 가족에 대한 안 좋은 이야기를 듣는 게 불편한지 곧잘 화를 냈다. 그러다 싸움으로 이어지는 날도 많았다. 누군가의 이야기처럼 결혼하고 나서 우리만의 문제로 싸울 일은 거의 없었다. 싸움의 원인은 90% 이상이 시집에 있었다.

시집은 '이해'하는 게 아니라 '그냥 받아들이는 것'이라고 하지만 잦은 만남은 서로에게 불만을 낳을 뿐이었다. 3명의 시어머니는 나에게, 나는 3명의 시어머니에게, 그리고 중간 역할을 제대로 하지 않는 남편에게.

그렇게 술로 보내는 날이 많아지고 속앓이가 심해지던 어느 날, 남편과 시부모님 사이에 트러블이 심해지면서 왕래가 끊긴

시기가 있었다. 그 시간이 있었기 때문일까. 결혼한 지 8년째인 지금, 시어머니와 나는 이제 더 이상 그때의 시어머니와 내가 아니다. 그렇게 꼬장꼬장하던 시어머니의 기는 반쯤 꺾였고 성격도 많이 유순해졌다. 반대로 나는 그때처럼 "죄송합니다."를 입에 달고 살던 순종적인 며느리가 아닌, 할 말은 하는 며느리가 되었다. '전세 역전'까지는 아니지만 서로가 서로에게 조금씩 맞춰진 느낌이랄까.

친정 엄마는 내 시집살이에 대해 속속들이 알진 못하지만 신혼 때 내게 이런 말씀을 하셨다. "지금은 너도 시가에 맞추기 힘들지. 적응할 시간이 필요하니까. 지금은 시가 식구들이 다 어려워도 시간이 지나면 괜찮아질 거야. 엄마랑 네 고모들처럼." 그 말이 생각날 때마다 내가 어릴 적 고모들이 엄마에게 했던 말과 행동들이 떠오른다.

나의 시어머니는 여전히 전화를 자주 하시고, 주말마다 만나길 원하신다. 친지 분들과 식사할 일이 있으면 우리를 같이 부르기도 한다. 최근에는 우리 동네로 이사도 오셨다. 부모님이 아닌 내 주위의 모두가 반대한 그 일을 결정하면서도 내겐 일말의 희망이 있었다. 우리가 서로 많이 변했다는, 그래서 그때와는 다를 것이란 희망.

모든 것은 '시간이 약'이다. 처음에는 힘들겠지만 다름을 받아들이면서 시간을 보내다 보면 편해지는 날이 오기 마련이다.
모든 며느리들이 그런 마음이길 바란다. 자신을 위해서라도.

○。 시부모님이 나와 같은 동네로 이사 오는 것에 대해 친구들이 많은 걱정을
했다. 괜찮겠냐고. "너 미쳤어?"라고도 했다. "매일 오라고 할 텐데 괜
찮겠어?"라며 내게 두려움을 줬지만 아직까지는 살 만하다.

어쩌다 하루,
내가 꿈꾸던 그날 밤

결혼 전, 퇴근길에 마주친 한 가족의 모습을 보며 참 예쁘다고 생각했다. 아이를 유모차에 태워 부부가 함께 유모차를 밀며 동네를 산책하는 모습이었다. 나도 결혼하고 아이를 낳은 후 저렇게 매일 저녁 도란도란 동네를 거니는 모습을 그려보곤 했다. 세상 물정 모르는 철부지였던 나는 모두가 그렇게 사는 줄만 알았다. 그래서 나 역시 그렇게 살게 될 것이라 믿었다.

결혼 후에 남편은 늘 밤늦도록 일했으며, 새벽녘에 들어오는 날도 많았다. 이는 출산 후에도 달라지지 않았고, 내가 그리던 저녁 산책은 꿈도 꿀 수 없었다. 저녁에는 늘 나와 아이들뿐이었다. 나는 그게, 참 외로웠다.

한번은 모처럼 날씨가 좋아 저녁을 먹은 후 아이들에게 킥보드를 태워 동네 산책을 한 적이 있다. 그러다 지인을 만났는데 결혼 전 내가 예쁘다고 생각했던 딱 그 모습이었다. 아이를 자전거에 태워 아빠가 자전거를 밀어주며 부부가 걸어가는 모습. 그 순간 혼자 아이 둘을 데리고 있는 내 모습이 불쌍하게 느껴졌다. 게다가 우리 아이들은 왜 이렇게 에너지가 넘치는지…. 지인의 가족은 부부가 얌전한 딸아이 하나를 여유 있게 케어하고 있는데 나는 에너지가 넘쳐흐르는 아이 둘을 혼자 케어하고 있다는 게 서글펐다. 나와 같은 처지가 더 많다는 것을 잘 알고 있지만, 그때는 나의 우울지수가 꽤 높았던 모양이다.

웬일인지 남편이 일찍 퇴근한 날이 있었다. 아빠와 축구를 하고 싶다는 첫째의 말에 저녁을 간단히 먹고 동네 공원으로 나갔다. 이미 어두워진 시간이었지만 아이들은 아빠와 하는 공놀이를 굉장히 즐거워했다. 공원에서 뛰어놀며 그렇게 소리 내 웃는 아이들의 모습을 본 게 얼마 만이었는지 모른다. 남편이나 나나 힘든 줄도 몰랐다.

아이 둘이 아빠에게 매달려 함께 공을 차고 있는 모습을 보고 있자니 눈물이 찔끔 날 것 같았다. 아이들 역시 아빠의 손

길을 많이 그리워했을 테니까. 물론 남편은 주말만큼은 아이들과 함께하려고 노력하는 편이지만 아이들에게는 부족할 수 있겠다는 생각도 들었다.

그날 아이들과 공원에 나간 시간은 평소에 잘 준비를 하던 저녁 8~9시 사이였다. 빨리 재우고 나도 좀 쉬자며 스스로를 압박하고 아이들을 닦달하던 바로 그 시간. 그런데 그날은 자는 시간 같은 건 중요치 않았다. 평일 저녁에, 우리 가족 완전체가, 공원을 산책하고 공놀이를 하고 있다는 게 중요했다. 내가 그렇게 꿈꾸던 평일 저녁이었다. 내가 유독 많이 지쳐 있던 때여서 그 시간이 더 소중했는지도 모르겠다.

평소 남편의 퇴근이 빨라 저녁 식사를 집에서 하는 지인들의 경우 "또 밥 차려야 돼."라며 볼멘소리를 할 때가 있다. 남편이 집에서 밥을 먹지 않으면 아이 반찬만 챙기면 되지만 남편이 집에서 밥을 먹으면 아이 반찬 따로, 어른 반찬 따로 준비해야 하니 다소 부담이 있는 건 사실이다. 그러면서 나를 부러워한다. 내 남편은 평일엔 집에서 밥 먹을 일이 없기 때문이다.

나는 반대로 그런 삶을 그려보았다. 남편의 퇴근 시간에 맞춰 저녁 식사를 준비해놓고 식구가 함께 모여 앉아 저녁밥을 먹는 것. 밥을 먹은 후에는 아파트 단지 안이라도 산책하며 조곤조곤 이야기를 나누는 것. 하지만 내게 그런 일은 어쩌다 한 번 있는 일이었다. 물론 나 역시 남편이 매일 일찍 퇴근해 남편 밥까지 차려야 한다면 스트레스를 받았겠지만 내게 주어지지 않는 그 일상이 마냥 부럽기만 하다.

우리나라에서는 아빠가 아이들이 잠들기 전에 들어와 같이 저녁 식사를 하고 산책할 수 있는 가정이 많지 않다. '칼퇴근'을 할 수 있는 직장인이 얼마나 될까. 또한 칼퇴근을 한다고 해도 퇴근해 돌아와 아이들과 시간을 보낼 수 있는 가정이 얼마나 될까.

여전히 그런 꿈을 꾸고 있는 걸 보면, 아이 둘을 키우면서도 나는 아직 철부지인 모양이다. 하지만 어쩌면 모든 육아맘, 특히 독박육아맘들은 나와 비슷한 꿈을 꾸고 있는지도 모른다. 어쩌다 한 번이라도, 1년에 한 번이라도.

지금 생각해봐도 그날 밤은 참 행복했다. 그런 날이 언제 또 올지 모르겠지만 그날을 그리며 또 하루를 살아낸다.

남편의 카드를
쓴다는 것

'깨톡.' 지인들을 만나 커피 한잔하고 카드로 계산을 하자마자 메시지가 도착했다. 남편이다. "카드 잃어버렸어?" 내가 카드로 결제한 내역은 실시간으로 남편에게 문자메시지로 전송된다. 그날 몇 인분의 커피와 디저트를 주문한 후 내가 카드로 결제했더니, 평소 결제 내역과 많이 달랐는지 남편은 내가 쓴 것이 맞는지 확인하는 메시지를 보냈다.

그렇다. 나는 남편카드, 일명 '남카'를 쓰는 여자다. 내가 남카를 쓰는 이유는 우리 가정의 수익 구조와 가계 운영방식상 경제권이 남편에게 있는 까닭이다.

예전에는 남카를 쓴다는 것이 갑작스레 받은 선물같이 느껴졌다. 평소에 사고 싶었지만 차마 살 수 없었던 무언가를 살 수 있는 이벤트와도 같았다. '남카 찬스'라는 말이 있는 것처럼. 그런데 남카로 일상생활을 다 하려고 하니 여러 가지 애로사항이 있다.

먼저, 카드를 쓸 때마다 메시지가 전송되어 눈치가 보인다. 커피를 마실 때면 놀러 다닌다고 생각하면 어쩌나 싶고, 화장품을 살 때면 비싼 거 산다고 뭐라고 하면 어쩌나 싶고, 반찬거리를 살 때면 조금씩 해 먹으라고 하면 어쩌나 싶다. 또 키즈카페에 갈 때도 키즈카페에 또 가냐고 하면 어쩌나 싶다.

물론 남편은 카드 쓰는 걸 가지고 뭐라 하지는 않는다. 어차피 내가 쓰는 금액은 크지 않은 데다, 남편의 표현에 따르면 나는 돈을 쓸 줄 모르는 사람이니까. 하지만 남편이 내게 뭐라하든 그렇지 않든 눈치가 보이는 것은 어쩔 수 없다. '나 혼자서 애들 키우니까 눈치 안 보고 당당해도 돼.'라고 생각하면서도 자꾸만 작아지는 나를 느끼며, 한번은 남편에게 진지하게 부탁한 적이 있다. "카드 문자 좀 안 가게 해주라."

나의 부탁은 아쉽게도 거절당했다. 남편은 내가 얼마큼 썼는지를 알고 있어야 부족한 금액을 채우든지 어떻게든 계획을 세울 수 있다는 합리적인 이유를 제시했다. 나는 "아, 그렇지. 그래… 그게 맞아…."라고 답할 수밖에 없었다.

예전에 어떤 토크쇼에서 한류스타가 나와 부모님께 카드를 드린 에피소드를 이야기한 적이 있다. 아버지께 카드를 드리고 아버지가 쓰신 내역을 메시지로 받을 때 굉장히 뿌듯했다고 했다. 그러다 어느 순간부터 메시지가 오지 않아 '아버지가 아들이 버는 돈 쓰기가 미안하셨나 보네.'라고 생각했는데, 카드 사용 내역서를 받아보고 너무 많이 쓰셔서 깜짝 놀랐다고 했다. 알고 보니 아버지가 카드사에 전화해 사용 내역이 메시지로 전송되지 않게 하셨다고 한다. 나도 그렇게 하고 싶은 마음이 굴뚝같다.

앞에서 말한 이유와 같은 맥락에서 감시받는 기분이 들기도 한다. 카드 사용 내역이 메시지로 전송되면 내가 어디에 갔는지, 무엇을 샀는지, 무엇을 했는지 대략적인 판단이 가능하다. 내가 놀러 다니는지, 장을 보러 갔는지도 파악할 수 있다. 한번은 남편과 부부싸움을 한 후 집을 확 나가버릴까 생각한 적이 있었는데 슬프게도 그럴 수가 없었다. 내가 가진 것은 남카뿐인데 남카를 쓰면 내가 어디에 갔는지 알 수 있으니 가출하는 의미가 없었기 때문이다.

경제권이 남편에게 있다 보니 주도권까지 빼앗긴 듯하다. 그래서 부부가 평등한 관계가 아닌 수직의 관계가 된 것 같다. 남편에게 생활비 일부를 받고 남카를 쓰는 지인이 있다. 카드

대금을 결제할 시기가 오면 이 사람은 남편에게 잔소리 들을 생각에 잔뜩 긴장을 한다. 그런 지인이 이번 달부터 모든 경제권을 손에 쥐고 하늘을 날 듯 기뻐했다. 경제권이란 바로 이런 의미다.

카드가 아닌 현금이 필요할 때는 마치 '한 푼만 줍쇼~' 하는 것처럼 남편에게 손을 내민다. 그 돈을 받고 나면 또 좋다고 룰루랄라 하는 내 모습이 어찌나 비굴한지…. 평소와 달리 다소 큰 금액의 카드 지출이 있을 때는 미리 남편에게 메시지를 보내기도 한다. "카드 폭탄 맞을 준비해요."

눈치 주는 사람이 아무도 없는데 스스로 눈치를 보고 있는 나란 여자. 나도 남편 용돈 주고 아껴 쓰라고 잔소리 좀 해보고 싶다.

여보, 당신 카드 쓰는 거 머리도 안 아프고 정말 좋아요! 경제권 없으면 어때~ 늘 고마워요♥ 그런데 메시지는 좀 안 가게 해줘요~

내 SNS에 아이 사진만
가득한 이유

엄마가 되기 전에는 몰랐다. 왜 친구들의 SNS에 아이들의 사진만 있는지. 엄마가 되고부터는 내가 그러고 있다.

아이를 낳기 전, 결혼해서 아이를 낳은 지인의 SNS를 보면 아이 사진밖에 없었다. 그것도 다 똑같아 보이는 표정과 비슷한 포즈의 아이 사진이 여러 장 연달아 업데이트되곤 했다. 이 SNS가 지인의 것인지 지인 아이의 것인지 알 수 없을 정도로. SNS를 통해 '얘는 이렇게 사는구나.' 하며 궁금증도 풀리고 보는 재미도 있었는데, 내 눈에는 다 똑같은 아이 사진만 가득하니 'new'가 떠도 볼 맛이 나지 않았다. 그랬던 나 역시 아이를 낳자마자 SNS에 아이 사진만 업데이트하고 있었다. 내가 그렇게 하고 있었다는 것을 알지 못했으나 지인이 "네 사진도 좀 올려."라고 하기에 깨달았다.

내 사진도 올려볼까 하는 마음에 핸드폰 사진첩을 뒤적여봤는데 내 사진을 찾기가 힘들었다. 있어도 아이와 함께 찍은 사진인데, 그것도 얼굴이 2/3쯤 가려진 게 전부였다.

왜 아이 엄마들의 SNS에는 아이 사진들만 가득한 걸까. 아이 엄마가 되고 나니 핸드폰을 들면 아이 사진 찍기에 바쁘다. 예전에는 셀카 찍는 것도 좋아하고, 예쁜 카페나 식당을 돌아다니며 내부 인테리어나 음식 사진 찍는 것도 참 좋아했는데, 이제 내 핸드폰 사진첩의 대부분은 아이들이 차지하고 있다. 그러니 SNS에 올릴 사진도 아이들 것뿐일 수밖에.

본 적 없는 다른 사람들이나 미혼이거나 아이가 없는 지인들은 SNS에 자랑할 만한 사진을 참 많이도 올린다. 좋은 데 가서 쉬고 있는 여유로운 사진, 멋드러지게 차려진 음식 사진, 예쁘게 잘 차려 입은 본인의 사진 등 올릴 거리가 참 많아 보인다. 화려한 삶을 사는 듯한 어떤 이의 SNS를 보다 보면 '저 사람은 저렇게 잘났는데 나는 왜 이것밖에 안 될까?' 자괴감이 드는 것도 사실이다. 그들은 아이를 키우면서도 어쩜 그리 멋지게 살 수 있는 걸까.

슬프게도 나는 그런 사진이 많지 않다. 두 아이 독박육아인지라 주로 가는 곳이라곤 유치원이나 학교, 놀이터, 집, 가끔 키즈카페나 마트가 전부다. SNS는 일상을 올리는 매체인데 내 일상은 곧 아이들인 것이다. 아이들을 빼고 나면 나에게 남는 건 별로 없다. 남편이 있는 주말에는 평일에 갈 수 없는 곳에 가기도 하지만 그곳들조차 아이들을 위한 것이니 어쩌면 아이들 사진만 찍는 게 당연할지도 모르겠다.

더욱이 지인들에게 당당히 보여줄 거라곤 아이들뿐이다. 출산 후 살이 퉁퉁하게 붙고 똥그래진 내 얼굴, 터질 것 같은 내 몸을 카메라에 담고 싶지 않은 것도 SNS에 아이들 사진만 가득한 이유다. 아이 낳기 전과는 달리 지금은 셀카로 찍은 내 사진을 볼 때마다 그렇게 짜증 날 수가 없다.

'얼굴에 주름이 가득하네. 몸뚱이가 왜 이렇게 돼지 같을까.' 변해버린 내 외모를 탓하고 절망하는 데 지쳐 언제부턴가 나는 내 사진을 찍지 않게 되었다. 어쩌다 올리는 내 사진은 결혼 전이거나 살찌기 전의 그리운 사진들이다.

때로는 지인들에게 관심받고 싶다는 생각에 SNS에 아이들 사진을 업데이트하기도 한다. 그걸 올려서라도 사람들이 나에게 관심 가져주길 바라는 엄마의 외로운 마음을 누가 알려나.

아이를 낳기 전에는 아이 사진으로 SNS를 도배하는 게 잘 이해되지 않았다. 그런데 지금 내 SNS에는 아이 사진이나 아이에게 차려준 밥상 사진이 90% 이상이다. 아이 엄마가 되고 보니 엄마들에겐 아이가 곧 일상이었다. SNS에 일부러 아이 사진만 올리는 게 아니라 그저 각자의 일상을 올린 것이었다.

아마도 앞으로 1~2년은 내 SNS에서 아이들의 사진이 차지하는 비중이 클 것 같다. 아이들이 내게서 조금씩 독립하고, 내가 스스로에게 자신감이 생기면 그땐 내 사진이며 그 외의 사진들도 많이 찍어봐야지.

최근에는 SNS에 올릴 아이들 사진도 없다. 아이가 크면서 어느 날부턴가 사진 찍는 것을 게을리하기 시작했다. 대신 '내 눈과 마음에 많이 담아둬야지.'라는 변명을 늘어놓는다.

엄마, 한 템포
쉬어가도 괜찮아

유독 힘든 날이 있다. 어제와 같은 일상인데도 자꾸만 지친다. 아이의 작은 투정과 말썽에도 속에서부터 화가 끓어오른다. 매일 바쁜 남편이 밉고 원망스럽다. 싱글을 좀 더 즐기고 결혼할 걸 그랬다는 생각도 든다. 세상에서 내가 제일 불행하고 불쌍하게 여겨진다. 아이들이며 집이며 다 놓고 혼자 떠나고 싶다.

그런 생각으로 겨우겨우 시간을 보내는 날은 어떻게 하루가 지나갔는지도 모른다. 아이들을 재워놓고 혼자 거실에 앉아 한참 동안 멍하니 있는다. 평소 같으면 늘어져 있는 집안 곳곳을 정리해야 하지만 일단은 그냥 앉아 있는다. 그러다 보면 이런 생각이 든다.

'그래도 오늘 하루 무사히 잘 보냈으니 됐어.'

일상이 힘에 부치고 우울해질 때면 오롯이 혼자 쉴 수 있는 시간이 필요하다. 우울하다는 것은 에너지가 다 떨어졌다는 뜻이나 마찬가지니까. 꼭 어디에 가서 무엇을 해야 하는 것은 아니다. 모든 것을 잠시 내려놓고 아무 생각 없이 그냥 멍하니 있는 것만으로도 좋다. 늘 아이들과 남편, 집안일을 챙기느라 분주했던 일상 속에서 잠시라도 한가해지면 그 시간만으로도 우울한 기분을 떨쳐낼 수 있다. 새로운 희망을 찾고 살아갈 에너지를 얻을 수 있다. 오늘도 내게 주어진 하루에 감사함을 느낄 수 있다.

나는 아이들을 재우다가 나도 모르게 같이 잠들 때가 많다. 차라리 그대로 쭉 잘 수 있으면 얼마나 좋을까. 밤 11~12시면 꼭 눈이 떠진다. 아직 마무리하지 못한 집안일이 신경 쓰여 깊게 잠들 수 없기 때문에. 그렇게 잠이 깨고 나면 새벽 3~4시까지 잠을 이루지 못한다. 잠을 제대로 못 잤으니 다음 날 컨디션이 좋을 리 없다. 당연히 아이들을 기분 좋게 돌볼 수 있을 것이라 기대하기도 힘들다.

'육아빠'로 유명한 정신과 전문의 정우열 원장은 저서 『균형육아』를 통해 이렇게 말한다.

요즘 유독 화가 난다면 아이가 나쁜 행동을 해서가 아니라, 엄마가 마음을 다잡아야 할 게 아니라 엄마 스스로에게 더욱 신경 써야 한다는 신호예요. 사람은 사람답게 살아야 사람다운 마음을 가질 수 있어요. 하지만 많은 엄마들이 사람답게 사는 것의 기본인 잠조차 제대로 못 자고 있죠. 엄마가 폭식을 하고 살이 찐다면 그건 게을러서도, 조절력이 부족해서도 아니에요. 내 몸이 나 자신을 챙겨달라는 신호를 온몸으로 보내는 거예요. 스스로 자신을 자책할 게 아니라 오히려 잘 먹어야 해요. 아이에게 미안할수록 아이에게 잘해주려고 노력하기보다, 반대로 엄마 자신에게 잘해주려고 노력하세요.

그래서 하루는 그냥 자기로 했다. 설거지도 안 했고, 청소도 안 했고, 빨래도 개야 하지만 일단은 그냥 자기로 했다. 아이들 방에서 나와 내 방으로 향했다. 그대로 불을 끄고 침대에 누웠다. 나도 좀 일찍, 푹 자보고 싶었다. 어쩌면 집안일이든 육아든 모든 것을 잘해야 한다며 스스로를 옥죄고 있는 건지도 모른다. 가끔은 그것들보다 '나'를 먼저 생각할 수 있으면 좋겠다. 나도, 모든 육아맘들도 혹은 육아대디들도.

때로는 자신을 위해 모든 걸 내려놓자. 혼자만의 시간을 갖자. 그대로 쉬자. 그래야 또 힘을 내서 내일을 살 수 있으니까.

일찍 잔 다음 날 아침 늘어져 있는 거실과 주방을 보는데 한숨이 나왔다. '이걸 또 언제 다 치우나.' 지금 하든 나중에 하든 어차피 내가 다 해야 할 일이지만, 그래도 밤에 푹 자서인지 설거지를 하면서도 콧노래가 나오더라.

그럼에도 불구하고
사랑하고 또 사랑한다

빨리 커라,
그리고 천천히 커라

아이가 빨리 크면 좋겠다. 빨리 커서 내가 챙겨주지 않아도 무엇이든 스스로 할 수 있게 되면 좋겠다. 그래서 '밥 먹어라.', '손 씻어라.', 'TV 좀 그만 봐라.' 등등의 잔소리를 하지 않게 되면 좋겠다. 또 아이들 등하원 시간에 얽매이지 않게 되면 좋겠다. 아이들 없이 나만의, 혹은 우리 부부만의 자유로운 시간을 보낼 수 있게 되면 좋겠다. 하루라도 빨리 그렇게 되면 좋겠다.

그런데 요즘 난 참 이상하다. 글쎄, 아이를 보면서 천천히 크면 좋겠다는 생각을 하고 있는 게 아닌가. '육아는 내 스타일이 아니야.'라며 소리만 질러대는 내가, 늘 '빨리 커라.'를 주문처럼 읊던 내가 말이다. 어느새 훌쩍 커버린 아이의 손을 잡으며, 부쩍 키가 큰 아이의 머리를 쓰다듬으며, 귀여운 엉덩이를 흔들며 춤추는 아이의 뒷모습을 바라보며, 혼자 그림을 그렸다며 달려오는 아이의 해맑은 얼굴을 보며 아이가 너무 빨리 크는 것 같아 안타까울 때가 있다. 부끄럽지만 혼자 그런 아이의 모습을 생각하면 눈물이 날 때도 있다.

나중에는 지금이 그리워질 거라는 것을 안다. 벌써 일주일 전의, 한 달 전의 아이가 그리운 것처럼 말이다. 지나고 나면 꼭 후회할 거면서 나는 또 아이에게 화를 내고 있으니, 이 얼마나 어리석은 짓인지….

아이로 인해 나는 나를 잃고 많은 것을 포기했다고 생각했지만 아이는 새로운 나를 만들어주었다. 내가 감히 상상도 할 수 없는 놀라운 세상을 알려주었으며, 겉으로만 보이는 어른이 아닌 마음까지 성장한 진짜 어른이 되게 해주었다. 아이가 없었다면 몰랐을 행복을 느끼게 해주었으며, 아이에게서만 느낄 수 있는 안정감을 선물로 받았다. 조건 없는 사랑은 부모가 자식에게 주는 사랑이 아니라 자식이 부모에게 주는 사랑이라는 말처럼 아이는 이 부족한 엄마에게 지치지 않는 사랑을 주었다.

"옆에 있을 때가 좋은 거야."라는 말을 나는 아직 완전히 이해할 수는 없다. 여전히 하루라도 빨리 아이가 뭐든 스스로 할 수 있길 바라니까. 시도 때도 없이 엄마를 찾는 아이의 목소리에 짜증이 나기도 하니까. 그런 내가 아이가 없을 때 허전함을 느끼는 것을 보면, 훗날 나를 부르는 아이의 목소리와 내 곁에 와서 안기는 아이의 숨결이 그리워질 거라는 걸 예감할 수 있다.

엄마가 된다는 건 내가 생각하는 것보다 힘들다. '나는 스스로 컸어.'라는 내 오만이 한때 "애 넷 낳을 거예요."라는 무식한 소리를 하게 했다. 아이 하나 키우는 것도 어마어마하게 힘들고 위대한 일인데 그때는 미처 알지 못했다.

늦은 밤, 곤히 잠든 아이의 얼굴을 쓰다듬으며 속삭인다.

"빨리 커라. 그리고 천천히 커라."

지금 상태에서 내 말만 더 잘 들어주고, 속만 덜 썩이면 좋겠다. 지금 상태에서 나를 덜 찾고, 자신의 일은 스스로 할 줄 알았으면 좋겠다. 모두 말도 안 되는 욕심이라는 것을 알면서 오늘도 나는 헛된 바람만 갖고 있다.

또 다른 욕심이 있다면 아이가 어른이 되어 자신의 어린 날을 돌아봤을 때 즐겁고 행복했던 기억만을 안고 살면 좋겠다.

이 글을 쓸 즈음에 첫째가 취학통지서를 받았다. '내게 이런 일이 일어날까?' 싶을 정도로 먼 훗날의 일이라고만 생각했는데 첫째가 벌써 초등학생이 되었다. 초등학교에 들어가면 부모와 함께하는 시간보다 친구들과 있는 시간을 더 좋아한다고 한다. 가슴 한 켠이 찌릿하다. 그럼에도 불구하고, 오늘도 소리를 많이 질렀다.

네게 화를 내는
진짜 이유

나의 아이에게.

아이야. 너에게 화를 내는 것은 너에게 화가 나서가 아니란
다. 네가 미워서는 더더욱 아니지. 아니다. 솔직히 말하면 화가
나는 순간들도 있다. 하지만 나에게, 나의 상황에, 너한테 화를
내고 있는 나 자신에게 화가 나서 화를 내는 날들이 더 많았다.

화를 내놓고, 소리를 질러놓고, 벌을 세워놓고, 회초리로 때
려놓고 나도 속으로 많이 울었다. 훌륭한 사람 되라고, 바른 사
람 되라고 너를 호되게 혼내며 말하는 저 명분들 뒤에 숨어,
내 화를 풀기 위해 화내는 날들도 있었다. 너의 작은 잘못에도
나는 쉽게 화를 내곤 하지. 영문도 모른 채 당황한 너의 표정

을 나는 아직도 잊을 수가 없다. "엄마 잘못했어요. 다신 안 그 럴게요." 화를 내고 있는 내 옷자락을 잡아당기며 잘못도 없는 네가 잘못을 빌고 있는 모습을. 그 모습을 보며 가슴이 찢어지 는 것 같았다.

너 때문이 아닌데, 다 나 때문인데. 그럼에도 나는 쉽게 분 노를 삭이질 못했다. 그 정도로는 내 안의 화를 풀 수가 없었 던 모양이다. 이렇게 쉽게 멈추지 못하는 걸 보니 나는 참 어리 석은 사람이구나. 스스로의 감정을 잘 조절하지 못하고 너에게 화풀이를 하는 내가 "화내지 마. 짜증 내지 마. 예쁘게 말해야 지."라고 훈계할 자격이나 있는 건지.

아이야. 내가 정해놓은 기준을 따라오지 못하는 너에게도 화 가 났다. 나는 너에게 지나치게 많은 기대를 하고 있는 것 같 다. 내가 너에게 바라는 기대치만큼 네가 따라오지 못하면 참 을 수가 없었다. 물론 그것들은 네가 아닌 내가 정한 기준이었 다. 너의 나이나 생각 같은 것은 고려하지도 않은 채 '이 정도 는 해야 하지 않나?'라는 생각을 하며 너를 닦달했던 것 같다. 그런데 내 뜻대로 움직여주지 않는 네게 소리를 지르는 데는 '위험할까 봐', '다칠까 봐', '다른 사람에게 피해를 줄까 봐'라는 이유도 있다는 것은 알아주면 좋겠구나.

아이야. 매일 밤 잠든 너를 보며 미안함에 혼자 울었던 날이 많다. 그러면서 너의 귀에 속삭였지. "엄마가 미안해. 많이 미안해.", "우리 아들, 우리 딸 엄마가 사랑해. 잘 자고 일어나서 내일은 우리 행복하게 보내자." 잠든 네가 내 말을 들을 리 없어도, 그렇게라도 나는 내 잘못을 반성하고 용서받고 다짐하고 싶었다. 다음 날 일어나면 언제 그랬냐는 듯 나는 다시 화를 내고 있지만.

아이야. 때로는 나도 많이 힘들었다. 그리고 많이 외로웠다. 힘들다는 걸 누구에게든 이야기하고 싶은데 그럴 수가 없었다. 누구에게라도 위로받고 싶었는데 위로해줄 사람이 없었다. 너를 재우고 혼자 있는 밤, 나도 나를 위로해줄 사람이 필요했다. 혼자 술잔을 기울이며 하루의 고단함을 풀고자 했지만 혼자 있는 시간이 길어질수록 내 자존감은 땅속으로 깊이 꺼져 들어갔고, 점점 더 우울해졌다. 내 불안정한 정서는 또다시 너를 향한 화살이 되고 말았지.

아이야. 나는 완벽한 엄마이고 싶다. 다정한 엄마이고 싶다. 온화한 엄마이고 싶다. 친구 같은 엄마이고 싶다. 너의 말을 잘 들어주는 엄마이고 싶다. 늘 네 편인 엄마이고 싶다. 누구에게

나 자랑하고 싶은 멋진 엄마이고 싶다. 그런데 모두가 내 욕심일 뿐, 나는 결국 너에게 창피한 엄마가 되고 말았구나.

아이야. 앞으로도 나는 네게 이렇게 부족한 모습을 보이는 날들이 많을 거다. 그럴 땐 그냥 나를 꼭 안아주면 좋겠다. 아무 말없이 그저 안아주면 좋겠다. 그것만으로도 나는 힘든 걸 다 잊을 수 있을 것 같다. 네 따뜻한 체온에 위로받고 무너진 내 자존감을 일으켜 세워 네게 좋은 엄마가 되고 싶다는 마음을 다시 끄집어낼 수 있을 것 같다. 매 순간 더 노력하는 엄마가 될 힘을 얻을 수 있을 것 같다.

나의 아이야.
미안하다. 그리고 사랑한다. 세상에서 가장 많이.

○。 늘 화를 내는 엄마이면서 아이들이 이런 내 마음을 알아주길 바라는 건, 너무 큰 욕심인 거겠지.

'지금이 가장 좋을 때'라는
말의 의미

아이를 키우다 보면 힘이 들어서 "빨리 좀 커라. 너는 언제 클래?"라는 말을 자주 뱉어내곤 한다. 아이들 뒤치다꺼리에 지치고 힘들 때마다 그런 마음이 드는 것 같다. '초등학생쯤 되면 자기 할 일은 알아서 할 수 있으니까 내가 챙겨줘야 할 일은 적어지겠지?' 그런 나에게 선배 엄마 혹은 어른들은 이야기한다. "그때가 좋은 거야."라고.

그 말의 의미를 머리로는 알지만 몸과 마음에서는 거부할 때가 있다. 알면서도 받아들이고 싶지 않은 사실이다. 지나고 나면 지금이 가장 좋은 날이었다는 것을 알게 되겠지만 현재는 그렇게 느껴지지 않는다. '내가 지금 이렇게 힘든데 지금이

제일 좋은 거라고?' 하는 생각만 들 뿐.

그런데 정말 웃기게도, 우리 아이들보다 어린 아이들을 데리고 다니는 후배 엄마들을 보면 내가 똑같은 말을 하고 있다. "참 좋을 때네요."

아이들 육아에 지쳐 있는 지금 당장은 시간이 참 느리게 가는 것 같다. 오늘이고 내일이고 그다음 날이고 아이는 자라지 않고, 그 상태 그대로 머물러 있으면서 내 속을 썩이고 계속 나를 찾으며 힘들게 하는 것 같다. 하지만 시간이 지나고 돌아보니 '그래. 그땐 참 좋았어.'라는 생각을 하게 된다. 선배 엄마들의 이야기처럼.

아이가 누워만 있을 때는 빨리 뒤집으면 좋겠고 그 이후에는 빨리 기어 다니면 좋겠다. 막상 아이가 여기저기 기어 다니면서 사고를 치자 "누워만 있을 때가 좋았지."라고 한다. 아이를 안고 다닐 때는 빨리 혼자 걸어 다니길 바랐는데 막상 걷게 되니 아이를 통제하기 힘들어져 "안고 다닐 때가 좋았지."라는 말을 하게 된다. 또 아이가 커서 자기주장과 고집이 생겨 말을 안 듣고 말썽을 부리니 "배 속에 있을 때가 좋았지."라고 하는 나의 모습을 발견한다. 아이가 자랄수록 더 어릴 때를 생각하며 '그때가 좋았지.'라는 이 엄마라는 사람.

아이를 처음 품에 안았던 날을 떠올려본다. 기대했던 뽀얗고 사랑스러운 모습이 아닌 쭈글쭈글하고 뻘건 모습에 실망(이라고 하기엔 아이한테 미안하지만)했었다. 그 이후 모유 수유가 마음대로 되지 않아 좌절했던 날, 아이가 처음 뒤집기를 성공했던 날, 이유식을 처음 먹으며 입을 오물거리던 날, 혼자 무언가를 잡고 일어서던 날, 혼자 힘으로 첫 발을 내딛던 자랑스러운 그날의 희열과 함께 아이에게 처음 소리를 지르고 혼내던 날, (사랑의) 매를 들었던 날 등의 기억이 주마등처럼 흘러간다.

그동안 나는 힘들다는 말을 입에 달고 살았지만 돌아보니 힘들었던 것은 별로 기억나지 않는다. 아이와 함께했던 모든 순간이 행복하고 즐거웠던 것만 같다. 나를 정말 화나게 하고 힘들게 했던 사건들마저 지금의 나를 미소 짓게 하는 아름다운 추억이 되어 있다. 정말 그때가 좋았지 싶다.

한편으로는 슬픈 마음이 들기도 한다. 기억나지 않는 순간들이 있기 때문이다. 정말 기념할 만한 날이었고, 좋았던 날이었는데도 그때의 기억이 잘 나지 않는다. "그때 어땠더라?" 기억을 더듬어보지만 쉽사리 떠오르지 않는다. 아이와의 추억이 많아질수록 잊혀지는 것도 많아진다는 사실에 마음이 쓸쓸해지고 슬퍼진다. 아이들이 나에게서 독립해 스스로 할 일을 할 수 있으면 좋겠다고 그렇게 바랐으면서도 또 그렇게 되는 걸 아쉬워하는 이 마음이 참 아이러니하다.

　육아. 지금 당장은 힘들다. 게다가 나는 그 이름도 무시무시한 독박육아다. 때로는 심장이 터져버리고, 머리가 폭발할 것 같으며, 온몸이 사방으로 찢겨 나갈 것같이 힘들다. 그러면서 나는 습관처럼 빨리 좀 크라는 말을 반복한다. 하지만 선배 엄마들의 이야기처럼, 어른들의 이야기처럼, 또 내가 후배 엄마들에게 하는 이야기처럼 '지금이 가장 좋을 때'다. 힘든 일상에 지쳐 자꾸만 잊게 되지만 지금이 가장 좋을 때다. 가장 찬란한 이 순간은 다시 돌아오지 않는다.

지금은 힘들지만 지금이 가장 좋을 때다. 후회가 남지 않도록, 그리워하지 않도록, 아쉬워하지 않도록 아이에게 늘 최선을 다하는 엄마가 되길 바란다. 나 역시 그래야겠지. 때로는 힘들고 화가 나서 소리 지르고 엉덩이나 발바닥을 때릴 수도 있다. 그렇다고 너무 자책하지 마시길. '지금이 가장 좋을 때'라는 말은 지나고 나서야 그 의미를 깨달을 수 있는 말이니까.

핫도그 사달라고 조르던
내 어린 시절

어릴 때 살던 동네에는 재래시장이 있었다. 엄마가 장을 보러 시장에 갈 때 따라가는 것이 당시 내게는 큰 기쁨이었다. 단순히 시장에 가는 것이 좋았던 게 아니다. 시장 한편에 있는 분식집에 가서 핫도그를 먹는 것이 내 목적이었다. 내 기억에 당시 핫도그는 500원이었다.

나는 시장에 갈 때마다 습관처럼 분식집으로 향했다. 분식집은 내게 '참새방앗간'이었다. 엄마도 당연한 듯 500원을 계산했다. 운이 좋은 날이면 당면이 가득 들어 있는 떡볶이도 먹을 수 있었다. 엄마도 나도 좋아했던 떡볶이였는데, 내 기억에 떡볶이는 엄마가 먹고 싶을 때만 먹었던 것 같다.

지금의 내 모습을 생각해본다. 재래시장이 아닌 대형마트로 장을 보러 가면 아이들은 으레 그때의 나처럼 장난감 코너로 달려간다. "엄마! 구경만 할게요."라던 아이의 다짐은 아침에 보고 온 만화영화의 완구를 보면서, 어떤 친구가 갖고 있다는 신상 장난감을 보면서 완전히 무너진다. "이것만!"이라며 떼를 쓰는 아이를 매섭게 노려보며 나는 말한다.

"장난감은 언제 사는 거라고?"

"생일, 크리스마스, 어린이날!"

"근데 왜 오늘 사달라고 졸라? 구경만 하기로 약속했으면 지켜야지."

아이도 내가 어릴 적 그랬던 것처럼 장 보는 데 따라가서 자신이 원하는 것을 얻고 싶은 걸까. 설사 그렇다고 해도 500원짜리 핫도그와 몇만 원짜리 장난감의 차이는 크다.

그러고 보니 참 이상하다. 도너츠 하나 사달라는 아이의 요구에도 나는 안 된다고 하는 것이다. 아무리 비싸도 1,200원짜리 도너츠, 어릴 때 내가 먹었던 500원짜리 핫도그와 다를 것 없는 그 도너츠에도 난 왜 그리 인색한 걸까. '버릇 나빠질까 봐'라는 이유를 애써 찾아내면서도 마음이 개운치 않은 것을 보면 나 역시 아이를 상대로 떼를 쓰고 있는 건가 보다.

내 기억을 더듬어보면 시장에 따라가 얻어먹는 핫도그는 당시 내게 소소한 재미였다. 별것 아닌 핫도그에서 그 하루의 행복도 찾을 수 있었던 것 같다. 엄마를 따라 장을 보는 내 수고에 대한 보상의 의미인 동시에 핫도그를 먹으며 엄마의 짐을 들어준다는 도리의 의미도 담겨 있었다. 우리 아이들 역시 도너츠 한 개로 일상의 또 다른 재미를 느끼는 것일지도 모른다. 작은 도너츠 하나를 먹기 위해 마주 앉아 얼굴을 보고 이야기하는 시간에서 행복을 느낄지도 모른다.

1,200원짜리 도너츠 한 개, 내 커피 한 잔 값도 안 되는 그 돈으로 아이에게 기분 좋게 도너츠를 사주면 될 일을 나는 왜 그렇게 완강히도 거부했을까. 오늘부터는 마트에 갈 때 도너츠 한 개쯤은 함께 먹어보리라 마음먹어본다. 그렇게라도 아이에게 평소와는 다른 재미를 주자고. 그 시간만이라도 마주 보고 같이 먹으며 하루의 이야기를 나눠보자고.

아이에게 "빨리 커서 엄마랑 카페 가서 커피도 마시고 그러자."라고 말할 때가 있다. 같이 도너츠를 먹으며 앉아 있으면 마치 카페에서 같이 커피를 마시는 듯한 재미가 있다. 물론 도너츠를 먹는 아이의 뒤치다꺼리를 해야 하지만 이렇게 같이 수다를 떠는 것도 꽤 의미 있는 시간이다.

아이가 아프면
나는 죄인이 된다

아이를 낳고 키우다 보니 건강이 얼마나 소중한 것인지 깨닫는
다. 특히 아이가 아플 때면 더욱 그렇다. 세상에 건강만큼 중요
한 것은 없다. 아이가 아플 때면 나는 세상에 둘도 없는 죄인
이 되는 것만 같다.

첫째가 100일도 되기 전 아기일 때 갑작스레 7일간 입원시
킨 적이 있었다. 병명은 요로 감염. 그런 병이 있다는 것을 그
때 처음 알았다. 요로 감염은 신장, 요관, 방광, 요도와 전립선
등의 요로계에 세균이 생기는 병인데, 유아에게 흔히 발생할
수 있는 세균 감염 질환이다.

일주일간 아이의 열이 세 번 정도 오르락내리락했다. 대학병

원 소아응급실을 찾아 폐 사진도 찍고 소변검사도 했으나 특별한 이상은 없었다. 그때 전문의의 말에 의하면 아이에게서 열이 계속 나는 이유는 폐렴이거나 요로 감염에 의한 경우가 많다고 한다.

검사 결과는 이상이 없었는데 열은 지속되었다. 결국 재검사와 피검사를 통해 요로 감염 확진을 받고 입원 치료를 받았다. 그 기간 동안 하루는 소아응급실에서, 나머지는 6인실에서 보냈다. 빈 병실이 없어 응급실에서 보낸 첫날밤, 나는 정말 돌아버리는 줄 알았다. 응급실이라 전등은 계속 켜져 있고, 밤늦은 시간에도 아이들이 울면서 들어온다. 정말 멘탈이 강한 사람이 아니라면 소아응급실은 버티기 힘든 곳이다. 단순히 아이들이 울기 때문이 아니다. 아픈 아이들과 그 아이를 달래는 부모와 그 부모들의 한숨, 아이들 손등이며 발등에 꽂혀 있는 링거 바늘 등등의 모든 환경이 견디기 힘들었다.

겨우겨우 6인실 병실로 옮겨 자리를 잡았는데, 그곳도 소아응급실 못지않게 힘든 곳이었다. 아이들 울음소리가 시도 때도 없이 들렸고, 눈을 감아도 아프다는 아이들의 모습이 보이는 듯했다. 하루 종일 그 병실 안에 있다 보면 정신이 어떻게 될 것만 같았다. 이렇게 아픈 아이들이 많았는지 예전에는 미처 몰랐다.

아이가 입원해 있는 동안 힘든 검사를 여러 번 해야 했다. 움직이면 안 되는 검사였기에 수면제를 먹여 아이를 억지로 재우기도 했다. 그 모습을 보며 눈물이 계속 흘렀지만 엄마가 강해야 한다고 계속 다짐하며 참아냈다.

둘째는 입원까지는 아니었지만 손을 열 바늘 이상 꿰맨 적이 있다. 잠깐 한눈판 사이에 첫째가 가져온 커터칼에 손가락 사이가 깊게 베인 것이다. 수술을 위해 마취제를 놓고 마취제 부작용 방지를 위한 진정제를 놓고…. 멍하게 풀린 아이의 눈을 바라보는데 내 자신이 너무도 미웠다. 내가 아이도 제대로 못 보는, 아무것도 잘하는 게 없는 사람처럼 느껴졌다.

아이가 아프거나 다치면 엄마는 죄인이 된다. 누가 "애도 제대로 안 보고 뭐 했어!"라고 다그치진 않지만 엄마 스스로 죄인이 되고 만다. 아이를 좀 더 잘 보살폈으면 아프지도, 다치지도 않았을 텐데 후회를 거듭하고 반성하고 다짐한다. 다시는 그런 고생을 시키지 않을 것이다. 아이가 부모에게 할 수 있는 최고의 효도는 다치지 않고, 아프지 않은 것이 아닐까 싶다. 예전에는 몰랐는데 아이를 낳고 아이가 아픈 모습을 보고 있자니 건강이 얼마나 중요한지 새삼 느끼게 된다.

첫째와 둘째는 킥보드를 거칠게 타는데, 언덕길을 빠른 속도로 내려오기도 한다. 그러면 나는 옆에서 "천천히 좀 가! 다친단 말이야!"라고 주의를 준다. 아이들은 그래도 쉽사리 속도를 줄이지 않는다. 참다 참다 나는 결국 소리친다. "너네 이러다 다쳐도 난 몰라. 넘어져서 아프다고 울지나 마. 혹시나 병원에 가야 해도 책임 안 져. 아픈 건 다 너희 탓이야!"

버리지 못한
너의 것들

나는 청소나 정리에 대해선 젬병이다. '이 정도면 됐어.' 하는 수준으로 정리를 해놓지만 남편은 탐탁치 않아 한다. 가끔 놀러 오는 친구들이나 어쩌다 한 번 오시는 친정 부모님도 마찬가지. 자주 오시는 시부모님만 "애들 키우는 집이 다 그렇지." 라고 하실 뿐. 남편은 우스갯소린지 진심인지 "군대 좀 다녀와. 가서 짱박는 거라도 좀 배워라."라고 핀잔을 준다.

내가 정리를 잘하지 못하는 이유 중 하나는 버리지 못하는 데 있다. 나는 작아진 옷, 낡은 살림살이 등 지금 당장은 필요 없지만 갖고 있으면 언젠가 쓸모 있을 것 같은 물건들을 버리지 않고 보관한다. 아이 임신 중에 만들었던 배냇저고리 세트,

병원에서 처음 입은 배냇저고리, 처음 신은 신발 등 '처음'으로 기억되는 아이의 물품과 아이가 어린이집 혹은 유치원에서 만들어 온 것들도 마찬가지다. 특히 아이 사진이 붙어 있는 작품들은 아까워서 버릴 수가 없다. 그것들에는 저마다 우리의 추억이 깃들어 있기 때문에.

내가 바느질한 배냇저고리 세트에는 아이를 품은 엄마의 설렘이, 병원에서 아이가 처음으로 입은 배냇저고리에는 아이의 얼굴을 마주한 첫날의 기쁨이, 아이의 첫 신발에는 걸음마를 떼는 아이를 볼 때의 희열이 녹아 있다. 그리고 아이가 만들어 온 작품들에는 아이의 정성과 함께 그것을 내밀며 했던 아이의 말과 신나는 표정이 어려 있다. 이렇게 소중한 것들을 어떻게 버릴 수 있을까.

가장 소중하게 간직하고 있는 것은 아이가 어린이집에서 만들어 왔다며 내민 첫 번째 '어버이날 카드'다. 3살 때 처음으로 만들어 온 것이다. 아이는 의미도 모르면서 "엄마 아빠 사랑해요~"라는 글과 함께 엄마 아빠 그림에 색칠을 했다. 아무렇게나 삐죽삐죽. 남들이 보기엔 쓰레기나 다름없는 그것이 내겐 매우 소중한 작품이다. 두 아이가 각각 만들어 온 카드들은 아직도 우리 집 현관에 걸려 있다.

이렇게 아이와의 추억이 서린 물건들은 계속 늘어나 커다란 통을 채우고 또 채워 벌써 세 통이나 있다. 아까워서 버리진 못하지만 딱히 쓸모가 있는 것도 아닌 것들. 어찌 보면 '짐'만 되는 것들. 그럼에도 버릴 수가 없는 것은 우리의 추억을 잊게 될지 모른다는 두려운 마음이 있기 때문인 것 같다. 이런 물건들이라도 있어야 그때의 기억을 떠올릴 수 있을 것 같다. 아이와 함께한 지나간 시간들을 되돌아볼 수 있을 것만 같다. 살다 보니 조금씩 잊게 되는 아이들의 아기 때 모습을 그렇게라도 꺼내보고 싶다면 내가 과한 걸까.

요즘에는 아이들이 자기가 그리거나 만들기를 한 작품을 거실 TV 수납장에 전시하는 것을 좋아한다. 아빠에게 보여주겠다며. 정말 전시를 하고 싶은 것인지 그저 정리를 하기 싫어서 핑계를 대는 것인지 모르겠지만, 아이들의 전시된 작품을 치우는 것이 아깝다는 생각이 들 때가 있다. 그래서 늘 그 자리에 그대로 두고 있다. 그 작품들을 만들면서 집중하던 아이의 눈빛과, 고사리 같은 손가락과, 전시하겠다며 신이 나서 엉덩이춤을 추던 모습이 떠오른다. 이렇게 소중한 추억이 담긴 것들이 아까워서 쌓아놓다 보니 우리 집은 늘 어수선하다. 아이들 키우는 집은 다 이럴 것이다.

최근 이사를 하면서 전시되어 있는 것들의 상당수를 쓰레기봉투에 넣었다. 버리는 것이 그렇게 아깝게만 느껴졌는데 희한하게 홀가분한 마음이 들었다. 수많은 것들이 전시되어 있던 TV 수납장이 깨끗해지니 오히려 기분이 좋아지기도 했다. 과거에 얽매이지 말고 현재에 충실하라는 가르침을 얻은 느낌이다.

우리 둘만의 시간,
그 특별한 의미

둘째 출산을 앞두고 많은 선배 엄마들의 SNS를 정독하며 첫째가 둘째를 질투하지 않게 하기 위한 방법을 강구했다. 그리고 몇 가지의 방법을 실제로 적용해봤는데 그중 하나가 '엄마와 둘만의 시간 갖기'였다.

첫째는 태어나서 단 한 번도 부모의 사랑을 나눠 가진 적이 없다. 그런데 갑자기 나타난 동생이란 아이가 자신보다 더 부모의 사랑을 받는 것 같다. 자기보다 더 많이 안아주고, 품에 안아 젖까지 먹인다. 동생이 어리다는 이유로 놀이터에도 나갈 수가 없다. 심지어 동생이라는 그 아이가 잠이 들면 깰까 봐 시끄럽게 떠들지 말라며 꾸중까지 듣는다. 나만을 사랑해주던 엄마 아빠는 이제 더 이상 나를 사랑하지 않는 것 같다. 그 동생이라 불리는 아이 때문에.

둘째를 낳으면 이렇듯 첫째가 둘째를 질투할 수밖에 없는 상황이 이어진다. 부모로서는 어쩔 수 없는 상황이지만 아이 입장에서는 충분히 속상한 일이다.

그래서 부모의 사랑이 변함없다는 것을 아이에게 주지시켜야 한다고 선배 엄마들과 전문가들은 이야기한다. 엄마와 둘만의 시간을 갖는 것도 이 때문이다. 늘 엄마와 둘이었는데 동생 때문에 더 이상 둘만 있을 수 없으니 그 아쉬움과 그리움, 박탈감을 해소하는 데 둘만의 시간은 아주 중요한 의미가 있다.

평소 아이와 즐겨 보는 만화영화 〈리틀 프린세스 소피아〉의 내용 중 '어머니날'에 대한 이야기가 있다. 공주가 된 후 처음 맞는 어머니날, 새로 생긴 형제자매 없이 지금껏 그래왔던 것처럼 엄마와 단둘이 보내고 싶어 하는 소피아의 모습을 통해 동생이 생긴 아이의 마음을 엿볼 수 있었다.

둘째 출산 후 처음으로 첫째와 둘만의 시간을 가진 것은 한두 달 후 놀이터에서였다. 그날은 제삿날이었는데 아침부터 둘째를 데리고 시집에 가서 음식 준비를 하다 첫째 어린이집 끝날 시간에 맞춰 혼자 아이를 데리러 갔다. 그리고 어린이집 바로 앞의 놀이터에서 약 10분간 짧게 노는 시간을 가졌다. 아이는 그동안 놀지 못한 것을 제대로 보상받으려는 듯 신나게 놀았고, 내 손을 꼭 잡고 거니는 것도 좋아했다. 둘째를 낳은 후 그렇게 해맑은 첫째의 얼굴을 본 적이 없었던 것 같다.

겨우 10분이었을 뿐인데 아이에게 엄마의 사랑이 100% 충전된 듯 보였다. 동생만 안아준다고 떼를 쓰는 일도, 동생만 먹는 우유를 자기도 먹겠다는 일도 줄었다. 물론 유효기간이 길진 않지만.

아이들이 크면서 둘째와 둘만의 시간을 갖는 것도 중요하다는 생각이 들었다. 둘째는 단 한 번도 부모의 사랑을 독차지한 적이 없으니까. 그래서 짬을 내어 두 아이와 번갈아가며 둘만의 시간을 가지려 한다. 그렇게 하고 나면 아이들의 만족도가 올라가 서로 싸우거나 떼를 쓰는 횟수가 줄어든다. 그러면 덩달아 내 육아도 조금은 수월해진다.

아이들에게는 아빠의 사랑도 꼭 필요하다. 특히 아들인 첫째에게는 아빠와 둘만이 함께할 수 있는 시간이 반드시 있어야 한다. 둘째 역시 딸이지만 그런 시간이 필요치 않은 것은 아니다. 주말 아침에 아빠와 단둘이 보내는 시간을 만들어보려고 한다. 나 좋자는 게 아니라 순전히 아이들을 생각해서!

네가 내 아이여서
고마워

그러지 말아야 한다는 것을 잘 알면서도 나는 곧잘 아이를 다른 아이들과 비교한다. 저 아이는 벌써 저런 것도 하는데 우리 애는 왜 못할까. 저 아이는 저렇게 얌전한데 우리 애는 왜 이렇게 천방지축일까. 저 아이는 혼자서도 잘하는데 우리 애는 왜 매번 내가 있어야만 할까. 비교를 거듭할수록 아이에 대한 불만이 늘었고, 아이를 계속 채찍질했다. 내가 원하는 모습의 아이들이 되길 바라면서.

때로는 막말도 쏟아냈다.

"내가 어쩌자고 애를 둘씩이나 낳아서 이런 생고생을 하고 있을까!"

"너네만 아니었으면 난 이렇게 살지 않았을 거야!"

그러고 한참을 울었다. 부끄럽지만 그때는 정말 아이가 미웠다. 내가 책임져야 할 말썽투성이인 두 아이를 보는 것이 몹시 힘들었다. 나는 도대체 왜 결혼을 했을까, 도대체 왜 아이를 낳았을까. 아이의 존재를 부정하기까지 했다.

나는 이렇게 너무나도 부족한 사람이고, 엄마라고 불릴 자격도 없는 사람이다. 그런데도 나를 엄마라고 부르며 아껴주는 두 아이는 최고의 선물이다. 그런 아이들에게 좋은 엄마가 되고 싶다. 하지만 내게 좋은 엄마란 나는 될 수 없는, 나와 다른 세계의 이야기인 것만 같다.

자주 만나는 친구 중 2명이 아이 셋을 둔 엄마다. 누가 봐도 이론적으로 이상적인 좋은 엄마의 모습을 갖춘 친구들이다. 아이들의 모든 것을 포용하고, 아이가 떼를 써도 화내지 않고, 아이의 마음을 들여야볼 줄 아는 엄마, 엄마 본인이 정한 기준보다는 아이들이 원하는 기준에 따르는 엄마, 소리 한번 지르지 않을 것 같은 온화한 얼굴의 엄마. 나와는 180도 다르다. 나는 매일 화내고 소리 지르고 짜증을 내는, 모든 것이 엄마 위주인 이기적인 엄마니까.

이런 나라고 좋은 엄마이고 싶지 않을까. 나는 늘 좋은 엄마이고 싶다. 어떻게 해야 좋은 엄마가 될 수 있을까 고민하다가 어느 날 아이에게 물었다.

"어떤 엄마가 좋은 엄마야?"

아이는 한 치의 망설임도 없이 나를 가리키며 말했다.

"엄마! 우리 엄마!"

이런 나를 좋은 엄마라고 말해주는 아이를 보며 가슴이 울컥했다.

나는 늘 다른 아이들과 비교하며 내 아이들이 부족하다고, 제대로 하는 것이 하나도 없다고, 지나치게 구제불능이라고 불평만 늘어놓았다. 때로는 나를 힘들게 하려고 태어난 것 같다며 말도 안 되는 소리까지 했다. 그런데 아이들은 나를 보고 좋은 엄마라고 한다. 나에게서 태어나지 않았다면 더 많은 사랑을 받았을 이 아이들이 내가 가장 좋은 엄마란다.

아이들의 그 말을 들으면서 또 한번 내 부족함을 깨달았다. 아이보다 나을 것 없는 내 오만함과 마주했다. 감추고 싶은 내 치부를 들킨 듯 부끄러워졌다.

내 아들아, 내 딸아. 엄마도 너희가 엄마의 아이여서 고마워. 너희는 세상 무엇과도 바꿀 수 없는 소중한 내 보물들이야. 그걸 깨닫게 해줘서 정말 고마워.

구제불능인 것은 아이들이 아니라 나였다. 혼나야 할 사람도 아이들이 아니라 나였다. 그렇게 반성하고 다짐을 해놓고 나는 또 같은 잘못을 반복하고 있다. 도대체 나는 왜 겨우 이것밖에 안 되는 엄마인 걸까.

가끔은 엄마도 퇴근하고 싶다

초판 1쇄 발행 2019년 7월 2일
지은이 이미선
펴낸곳 믹스커피
펴낸이 오운영
경영총괄 박종명
편집 김효주 · 최윤정 · 채지혜 · 이광민
마케팅 안대현 · 문준영
등록번호 제2018-000058호(2018년 1월 23일)
주소 04091 서울시 마포구 토정로 222 한국출판콘텐츠센터 306호(신수동)
전화 (02)719-7735 | **팩스** (02)719-7736
이메일 onobooks2018@naver.com | **블로그** blog.naver.com/onobooks2018
값 15,000원
ISBN 979-11-89344-92-4 03590

이 도서의 국립중앙도서관 출판예정도서목록(CIP)은 서지정보유통지원시스템 홈페이지(http://seoji.nl.go.kr)와
국가자료종합목록 구축시스템(http://kolis-net.nl.go.kr)에서 이용하실 수 있습니다.(CIP제어번호 : CIP2019021500)